好玩的数学奇遇记

HAOWAN DE SHUXUE QIYUJI

一年级

王艳着•著

哈爾濱工業大學出版社
HITP HARBIN INSTITUTE OF TECHNOLOGY PRESS

图书在版编目(CIP)数据

好玩的数学奇遇记. 一年级/王艳着著. —哈尔滨:
哈尔滨工业大学出版社,2016.1(2024.3 重印)
ISBN 978-7-5603-5692-1

Ⅰ.①好… Ⅱ.①王… Ⅲ.①小学数学课-课外读物
Ⅳ.①G624.503

中国版本图书馆 CIP 数据核字(2015)第 263646 号

策划编辑　张凤涛
责任编辑　张　瑞
装帧设计　博鑫设计
出版发行　哈尔滨工业大学出版社
社　　址　哈尔滨市南岗区复华四道街 10 号　邮编 150006
传　　真　0451-86414749
网　　址　http://hitpress.hit.edu.cn
印　　刷　哈尔滨博奇印刷有限公司
开　　本　787mm×1092mm　1/16　印张 14.25　字数 180 千字
版　　次　2016 年 1 月第 1 版　2024 年 3 月第 2 次印刷
书　　号　ISBN 978-7-5603-5692-1
定　　价　35.00 元

数数他们有几个名字 ~~1
不小心掉进了兔子洞 ~~6
舔出一个数学城 ~~14
住进耳朵里的小精灵 ~~19
踩着花朵过河去 ~~25
吃顿饭咋这么难？(1)~~32
吃顿饭咋这么难？(2)~~38
一口气吃掉了餐桌椅 ~~44
被棕熊一家收留 ~~52
熊孩子们的玩具屋 ~~59
树上结满了蜂蜜糖果 ~~66
买对翅膀飞上天 ~~74
鱼儿鱼儿满天飞 ~~83
借宿蚂蚁宾馆 ~~89
要住总统套房 ~~95
滑稽的“蚂蚁歌舞三人组”~~101
小费要不停 ~~107
地洞里的密码门 ~~113

帮巫婆补墙 ~~118

给巫婆整理杂物 ~~123

骑着鲸鱼飞回家 ~~128

新的拳击手 ~~133

熊孩子们吃了变形果~~141

不敢接受蜜蜂的吻 ~~148

数学迷宫第一关 ~~154

粗心大意遭惩罚 ~~160

大嘴怪张口吃大数 ~~167

花朵里喷出蜂蜜泉 ~~174

紫色门送出珍珠项链~~180

飞越火海 ~~185

锯木头的蓝皮鼠 ~~190

两个爸爸和两个儿子 ~~198

拿到解药 ~~202

变形果林种变形果 ~~206

又见兔子 1 号先生 ~~212

送兔子 1 号一份大礼 ~~217

shǔ shu tā men yǒu jǐ gè míng zi

数数他们有几个名字

lǐ xiǎo kù hé lǐ xiǎo méng shì shuāng bāo tāi xiōng mèi lǐ xiǎo kù shì gē ge lǐ xiǎo méng shì mèi mei lǐ xiǎo kù lǐ xiǎo méng shì tā men de dà míng mā ma cóng lái bú jiào tā men de dà míng mā ma dōu jiào tā men shén me ne zán men lái tīng yi tīng

李小酷和李小萌是双胞胎兄妹，李小酷是哥哥，李小萌是妹妹。李小酷、李小萌是他们的大名，妈妈从来不叫他们的大名，妈妈都叫他们什么呢？咱们来听一听：

mā ma xià bān huí dào jiā jìn mén jiù hǎn kù xiǎo bǎo méng xiǎo bèi mā ma huí lái la

妈妈下班回到家，进门就喊：“酷小宝、萌小贝，妈妈回来啦！”

lǐ xiǎo kù gǎn jǐn gěi mā ma ná tuō xié bìng jiē guò mā ma de shǒu tí bāo lǐ xiǎo méng bāng mā ma dào bēi chá ràng mā ma zuò zài shā fā shang gěi mā ma róu rou jiān tián tián de shuō mā ma xīn kǔ la

李小酷赶紧给妈妈拿拖鞋并接过妈妈的手提包，李小萌帮妈妈倒杯茶，让妈妈坐在沙发上，给妈妈揉揉肩，甜甜地说：“妈妈，辛苦啦。”

mā ma mǎn liǎn xìng fú shuō āi yō mā ma hǎo xìng fú

妈妈满脸幸福，说：“哎哟，妈妈好幸福。”

mā ma bào zhù lǐ xiǎo méng qīn le yì kǒu shuō dōu shuō nǚ ér
妈妈抱住李小萌亲了一口，说：“都说女儿
shì mā ma de xiǎo mián ǎo méng xiǎo bèi zhēn shì mā ma de xiǎo mián ǎo
是妈妈的小棉袄，萌小贝真是妈妈的小棉袄。”

lǐ xiǎo kù wèn ér zi shì nǐ de shén me ya mā ma bào
李小酷问：“儿子是你的什么呀？”妈妈抱
zhù lǐ xiǎo kù qīn le yì kǒu shuō mā ma yǐ jīng yǒu le xiǎo mián
住李小酷亲了一口，说：“妈妈已经有了小棉
ǎo kù xiǎo bǎo zuò mā ma de xiǎo mián kù ba
袄，酷小宝做妈妈的小棉裤吧！”

hā hā zài yì páng kàn bào zhǐ de bà ba rěn bu zhù dà xiào
哈哈，在一旁看报纸的爸爸忍不住大笑。

xiōng mèi liǎ zài dǎ zhěn tou zhàng nòng de mǎn wū zi yǔ máo
兄妹俩在打枕头仗，弄得满屋子羽毛
fēi mā ma jìn mén jīng jiào āi yō wǒ de xiǎo zǔ zong zhè shì xiǎo
飞，妈妈进门惊叫：“哎哟，我的小祖宗。这是小
tōu jìn zán jiā dào qiè le ma
偷进咱家盗窃了吗？”

xiōng mèi liǎ ài kàn shū cháng cháng kàn de gù bu shàng chī
兄妹俩爱看书，常常看得顾不上吃
fàn bù xiǎng shàng chuáng shuì jiào měi cì mā ma dōu hǎn liǎng gè
饭，不想上床睡觉。每次妈妈都喊：“两个
xiǎo shū chóng kuài diǎnr bǎ shū fàng xià kàn de tài jiǔ chéng le
小书虫，快点儿把书放下！看得太久，成了
jìn shì yǎn jiù bú kù yě bù méng le dài shàng yǎn jìng jiù gāi jiào
近视眼，就不酷也不萌了。戴上眼镜，就该叫
kù sì yǎn méng jìn shì le
酷四眼、萌近视了！”

bà ba gěi xiōng mèi liǎ mǎi le zhī kě ài de guì fù quǎn tā liǎ
爸爸给兄妹俩买了只可爱的贵妇犬，他俩
kě xǐ huan le gěi gǒu qǐ míng jiào gōng zhǔ nà tiān tā men gěi xiǎo
可喜欢了，给狗起名叫“公主”。那天他们给小
gǒu xǐ pào pào yù yòng diào le dà bàn píng yù yè hái bǎ mā ma de
狗洗泡泡浴，用掉了大半瓶浴液，还把妈妈的
fà qiǎ gěi gōng zhǔ dài dào le tóu shang yòng mā ma de huà zhuāng
发卡给“公主”戴到了头上，用妈妈的化妆
pǐn gěi gōng zhǔ huà le gè cǎi zhuāng mā ma fā xiàn zì jǐ áng guì
品给“公主”化了个彩妆。妈妈发现自己昂贵
de huà zhuāng pǐn bèi yòng diào le yí dà bàn shí xīn téng de shuō āi
的化妆品被用掉了一大半时，心疼地说：“哎
yō liǎng gè bài jiā zǐ wǒ zhè kě dōu shì míng pái huà zhuāng pǐn ya
哟，两个败家子！我这可都是名牌化妆品呀！”

xiōng mèi liǎ xìng qù guǎng ài hào duō huà huà huá lún huá
兄妹俩兴趣广，爱好多，画画、滑轮滑、
tán gāng qín tiào wǔ dōu bèir bàng yě yīn cǐ mā ma wèi
弹钢琴、跳舞……都倍儿棒。也因此，妈妈为
xiōng mèi liǎ kāi de bó kè yōng yǒu dà liàng fěn sī měi cì kàn dào fěn
兄妹俩开的博客拥有大量粉丝，每次看到粉
sī men duì xiōng mèi liǎ de kuā jiǎng mā ma dōu kāi xīn de hǎn tā men
丝们对兄妹俩的夸奖，妈妈都开心地喊他们
kù zì háo méng jiāo ào
“酷自豪”“萌骄傲”。

bēi qǐ shū bāo yào shàng yī nián jí le mā ma bǎ tā men sòng
背起书包要上一年级了，妈妈把他们送
dào xué xiào mén kǒu shuō gōng xǐ liǎng gè bǎo bèi chéng wéi yī nián jí
到学校门口说：“恭喜两个宝贝成为一年级

de xiǎo dòu bāo
的小豆包！”

shàng xué hòu tā men měi yí cì kǎo shì dōu shì shuāng bǎi mā ma
上学后，他们每一次考试都是双百，妈妈
kāi xīn de shuō wǒ jiā chū le liǎ xué bà kù xué bà hé méng xué
开心地说：“我家出了俩学霸——酷学霸和萌学
bà
霸。”

yǒu shí tā men wán pí qi lai mā ma shēng qì le yòu huì hǎn
有时他们顽皮起来，妈妈生气了，又会喊
tā men dǎo dàn guǐ qì rén jīng
他们“捣蛋鬼”“气人精”。

……

hā hā tā men dào dǐ yǒu jǐ gè míng zi nǐ néng shǔ de qīng
哈哈，他们到底有几个名字？你能数得清
ma tā liǎ yě shǔ bu qīng zhǐ zhī dào mā ma jiào de zuì duō de
吗？他俩也数不清，只知道，妈妈叫得最多的，
hái shi kù xiǎo bǎo hé méng xiǎo bèi
还是酷小宝和萌小贝。

mā ma yě yǒu yí gè qí guài de míng zi nǐ xiǎng zhī dào shì
妈妈也有一个奇怪的名字，你想知道是
shén me ma hā hā mā ma jiào shí wàn gè wèi shén me bié rén
什么吗？哈哈！妈妈叫“十万个为什么”。别人
jiā dōu shì hái zi xǐ huan wèn wèi shén me tā men jiā shì mā ma
家都是孩子喜欢问“为什么”，他们家是妈妈
xǐ huan wèn wèi shén me
喜欢问“为什么”。

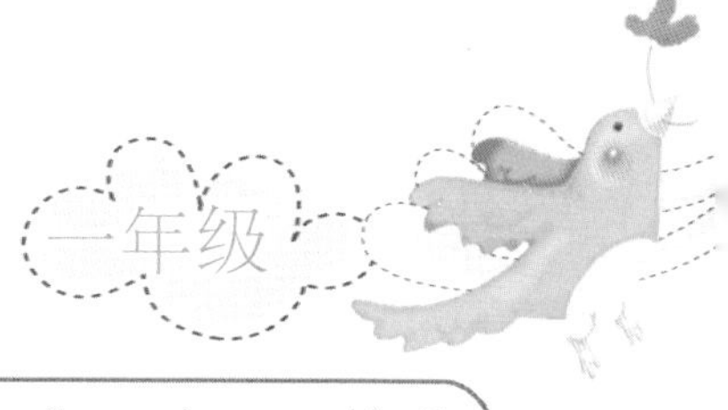

“噗噗噗——”水烧开了，妈妈问：“酷小宝、萌小贝，你们知道是什么把壶盖顶起来的吗？”

给他俩剪指甲时，妈妈问：“酷小宝、萌小贝，你们知道为什么剪指甲不会感到疼吗？”

夏天，他们热得满头大汗，贵妇犬“公主”热得吐舌头，妈妈问：“酷小宝、萌小贝，你们知道‘公主’为什么不出汗吗？”

为什么，为什么，为什么……妈妈是“十万个为什么”。

嘿嘿，这是一个充满欢乐的家庭，一个非常有趣的家庭。不管他们有几个名字，咱们都叫他们酷小宝和萌小贝吧。后来，酷小宝和萌小贝遇到了非常神奇的事情。

bù xiǎo xīn diào jìn le tù zi dòng

不小心掉进了兔子洞

měi nián de shǔ jià kù xiǎo bǎo hé méng xiǎo bèi dōu huì dào xiāng
每年的暑假，酷小宝和萌小贝都会到乡
xia yé ye nǎi nai jiā xiǎo zhù yí duàn shí jiān tā liǎ fēi cháng xǐ huan
下爷爷奶奶家小住一段时间。他俩非常喜欢
zài xiāng xia shēng huó de rì zi zì yóu zì zài ér qiě tè bié yǒu qù
在乡下生活的日子，自由自在，而且特别有趣。

yí gè yǔ guò tiān qíng de wǔ hòu kù xiǎo bǎo hé méng xiǎo bèi
一个雨过天晴的午后，酷小宝和萌小贝
tí zhe xiǎo zhú lán dào cūn wài xiǎo shù lín cǎi mó gu tā liǎ chū mén
提着小竹篮，到村外小树林采蘑菇。他俩出门
shí cháng cháng dài zhe zhuān yòng de zhì néng shǒu jī suí shí jì lù zì
时常常带着专用的智能手机，随时记录自

jǐ jīng cǎi de xiāng xia shēng huó bìng fā dào wēi bó shang hǎo ràng bà
己精彩的乡下生活，并发到微博上，好让爸
ba mā ma suí shí kàn dào tā men de shēng huó dòng tài
爸妈妈随时看到他们的生活动态。

kù xiǎo bǎo zhé le liǔ zhī zuò chéng liǎng dǐng mào zi hé méng xiǎo
酷小宝折了柳枝做成两顶帽子，和萌小

bèi yì rén yì dǐng dài dào tóu shang méng xiǎo bèi hái cǎi le jǐ duǒ xiǎo
贝一人一顶戴到头上，萌小贝还采了几朵小
yě huā chā zài liǔ yè jiān fēi cháng hǎo kàn liǎ rén yì biān zǒu yì
野花插在柳叶间，非常好看。俩人一边走，一

biān hù xiāng pāi zhào lù xiàng
边互相拍照、录像。

xiǎo shù lín li de mó gu zhēn duō méng xiǎo bèi tí zhe xiǎo zhú
小树林里的蘑菇真多，萌小贝提着小竹
lán cǎi mó gu kù xiǎo bǎo fù zé lù xiàng
篮采蘑菇，酷小宝负责录像。

méng xiǎo bèi cǎi de mó gu zhuāng mǎn le xiǎo zhú lán tā wèn
萌小贝采的蘑菇装满了小竹篮，她问：
kù xiǎo bǎo lù hǎo le ma
“酷小宝，录好了吗？”

kù xiǎo bǎo zhèng zài fā dāi tīng dào méng xiǎo bèi jiào tā tā
酷小宝正在发呆，听到萌小贝叫他，他
shuō méng xiǎo bèi kuài lái kàn lù xiàng huí fàng
说：“萌小贝，快来看录像回放！”

méng xiǎo bèi mò míng qí miào de wèn zěn me le yǒu shén me
萌小贝莫名其妙地问：“怎么了？有什么
hǎo kàn de
好看的？”

kù xiǎo bǎo shuō wǒ gāng gāng kàn dào le bù kě sī yì de shì
酷小宝说：“我刚刚看到了不可思议的事
qing yì zhī chuān zhe lǐ fú de tù zi zǒu dào nǐ shēn hòu de yì kē
情，一只穿着礼服的兔子，走到你身后的一棵
shù qián jiù tū rán xiāo shī le kàn kan lù xiàng li yǒu méi yǒu
树前就突然消失了。看看录像里有没有。”

méng xiǎo bèi hā hā dà xiào kù xiǎo bǎo nǐ kàn huā yǎn
萌小贝哈哈大笑：“酷小宝！你看花眼
le ba
了吧！”

酷小宝不理萌小贝，查看录像回放，突然惊叫道：“快来看！真的！穿礼服的兔子不见了！”

萌小贝依然大笑：“哈哈，酷小宝，你就骗我吧！”

虽然嘴上这样说，萌小贝还是凑上前去看录像，看到录像回放的一刻，也惊得张大了嘴巴：一只穿着蓝色礼服、褐色皮靴并提着红色旅行箱的兔子，出现在镜头里，走到萌小贝身后的一棵树前，突然消失了。

“难道是《爱丽丝奇境漫游记》中的兔子？”酷小宝和萌小贝异口同声地说。

他们走到兔子消失的树前，发现树没什么特别，跟普通的树没什么区别。再细瞧，树干

shang yǒu yí gè hóng diǎn kù xiǎo bǎo hé méng xiǎo bèi tóng shí shēn chū
上有一个红点。酷小宝和萌小贝同时伸出
shǒu xiǎng mō mo xiǎo hóng diǎn liǎng gè rén de shǒu yí chù dào xiǎo hóng
手想摸摸小红点，两个人的手一触到小红
diǎn jiù gǎn jué bèi yì gǔ lì liàng tí qi lai zhēng kāi yǎn shí fā
点，就感觉被一股力量提起来，睁开眼时发
xiàn tā men dào le yí gè mò shēng de huán jìng
现，他们到了一个陌生的环境。

kù xiǎo bǎo hé méng xiǎo bèi zuǒ yòu zhāng wàng sì zhōu lǜ cǎo
酷小宝和萌小贝左右张望，四周绿草
yīn yīn lǜ cǎo jiān xiān huā diǎn diǎn fēi cháng jiāo yàn liǎ rén tóng shí
茵茵，绿草间鲜花点点，非常娇艳。俩人同时
jīng hū wǒ men yě dào le qí jìng ma tā men gǎn dào xīng fèn hé
惊呼：“我们也到了奇境吗？”他们感到兴奋和
jī dòng yòu yǒu diǎnr hài pà
激动，又有点儿害怕。

tū rán yì qún xiǎo zhū chǎo chǎo rǎng rǎng de zǒu lái kù xiǎo bǎo
突然，一群小猪吵吵嚷嚷地走来。酷小宝
shǔ le shǔ yǒu zhī zhū xiǎo dì fēn bié chuān zhe tiān lán sè shuǐ lǜ
数了数：有5只猪小弟，分别穿着天蓝色、水绿
sè dà hóng sè xìng huáng sè hé pú tao zǐ sè de xiǎo duǎn xiù hé niú
色、大红色、杏黄色和葡萄紫色的小短袖和牛
zǎi bēi dài kù
仔背带裤。

méng xiǎo bèi shǔ zhū xiǎo mèi yě shì zhī fēn bié chuān zhe fěn
萌小贝数猪小妹，也是5只，分别穿着粉
hóng sè é huáng sè chéng hóng sè nǎi bái sè hé dàn zǐ sè de
红色、鹅黄色、橙红色、奶白色和淡紫色的

蓬蓬裙。

酷小宝说："5只可爱的猪小弟。"

萌小贝说："5只漂亮的猪小妹。5+5=10(只)，一共10只小猪。"

小猪们边走边嚷："妈妈叮嘱我们要紧拉手，10只小猪一起走。都怨粉红色小猪臭美，非要摘一朵花，现在怎么办？连谁丢了都不知道！"

酷小宝和萌小贝见到这么可爱的小猪，赶紧走上前打招呼。原来，10只小猪第一次去山那边的外婆家，妈妈怕他们走丢了，告诉他们要手拉手，千万不能松开。粉红色小猪见到漂亮的小花，非要采一朵戴到头上，采完花一数，发现十只小猪剩9只了。

kù xiǎo bǎo hé méng xiǎo bèi tīng le hā hā dà xiào xīn xiǎng
酷小宝和萌小贝听了哈哈大笑，心想：

zhēn shì zhī xiǎo bèn zhū dōu wàng jì shǔ zì jǐ le
“真是10只小笨猪，都忘记数自己了。”

kù xiǎo bǎo xiǎng kàn kan zhī xiǎo zhū zài dì shang gǒng ní tǔ
酷小宝想看看10只小猪在地上拱泥土

de huá jī yàng yú shì shuō wǒ yǒu gè bàn fǎ néng bāng nǐ men bǎ
的滑稽样，于是说：“我有个办法能帮你们把

diū de xiǎo zhū zhǎo huí lai rán hòu tā gào su xiǎo zhū men měi rén
丢的小猪找回来。”然后，他告诉小猪们，每人

yòng zuǐ ba zài dì shang gǒng gè kēng shǔ shu shì gè kēng de huà
用嘴巴在地上拱个坑，数数是10个坑的话，

jiù shuō míng tā men shì zhī xiǎo zhū
就说明他们是10只小猪。

zhī xiǎo zhū tīng le kù xiǎo bǎo de huà gǎn jué shì gè hǎo zhǔ
10只小猪听了酷小宝的话，感觉是个好主

yi biàn pái chéng le yì pái yào gǒng dì
意，便排成了一排要拱地。

méng xiǎo bèi bù rěn xīn gǎn jǐn zǔ zhǐ le tā men shuō
萌小贝不忍心，赶紧阻止了他们，说：

bié ní tǔ yǒu diǎnr zāng yǒu gèng hǎo de zhǔ yi
“别！泥土有点儿脏，有更好的主意。”

xiǎo zhū men xiào zhe shuō bù zāng bù zāng zhè ní tǔ hěn
小猪们笑着说：“不脏，不脏！这泥土很

tián ne
甜呢！”

tián kù xiǎo bǎo hé méng xiǎo bèi dūn xià shēn zài dì shang
“甜？”酷小宝和萌小贝蹲下身，在地上

抓了把土，土是深褐色的，细看，竟然是巧克力！

10只小猪排成一排，分别趴在地上拱了个坑，然后站起来数一数：“1，2，3，4，5，6，7，8，9，10！另一只小猪找到了！”

酷小宝和萌小贝看着嘴巴上沾满巧克力泥的小猪，哈哈大笑。

萌小贝说：“因为你们每人拱一个坑，所以坑的数量与你们的个数是相等的。除了拱坑，你们还可以每人采一朵与自己衣服颜色同样的小花，数数小花的朵数，就是你们的数量。”

小猪们听后，纷纷点头：“这个主意更好！”

奶白色小猪走到酷小宝和萌小贝跟前说：“谢谢你们！这个送给你们！”说着从背带

kù de dà kǒu dai li tāo chū liǎng gēn cǎi hóng bàng bàng táng sòng gěi kù
裤的大口袋里掏出两根彩虹棒棒糖送给酷
xiǎo bǎo hé méng xiǎo bèi
小宝和萌小贝。

kù xiǎo bǎo hé méng xiǎo bèi kāi xīn de jiē guò bàng bàng táng tián
酷小宝和萌小贝开心地接过棒棒糖，甜
tián de shuō xiè xie qí shí nǐ men gāng gāng shǔ de shí hou dōu
甜地说：“谢谢！其实，你们刚刚数的时候都
wàng jì shǔ zì jǐ le zài shǔ de shí hou jì de bǎ zì jǐ shǔ
忘记数自己了。再数的时候，记得把自己数
shàng jiù kě yǐ le
上就可以了。”

zhī xiǎo zhū qí shēng shuō ò yuán lái shì zhè
10只小猪齐声说：“哦——原来是这
yàng tā men shǒu wǎn zhe shǒu biān chàng biān xiàng yuǎn chù de dà shān
样！”他们手挽着手，边唱边向远处的大山
zǒu qù zhī xiǎo zhū shǒu lā shǒu qí bù xiàng qián zǒu shǒu lā
走去：“10只小猪手拉手，齐步向前走；手拉
shǒu zǒu bu diū huí dào jiā zhōng bù ái zòu diū méi diū shǔ yi
手，走不丢，回到家中不挨揍。丢没丢？数一
shǔ shǔ shàng zì jǐ cái gòu shù
数，数上自己才够数！”

kù xiǎo bǎo hé méng xiǎo bèi kàn zhe tā men zǒu yuǎn rěn bu zhù
酷小宝和萌小贝看着他们走远，忍不住
yòu hā hā dà xiào qi lai
又哈哈大笑起来。

tiǎn chū yí gè shù xué chéng

舔出一个数学城

kù xiǎo bǎo hé méng xiǎo bèi kàn zhe měi lì de fēng jǐng hé jiǎo xià de qiǎo kè lì tǔ dì, xiǎng: "yào shi wǒ men nà lǐ yě zhè yàng jiù hǎo le! è le, cóng dì shang zhuā yì bǎ qiǎo kè lì jiù néng chī."

酷小宝和萌小贝看着美丽的风景和脚下的巧克力土地，想："要是我们那里也这样就好了！饿了，从地上抓一把巧克力就能吃。"

xiǎng dào chī, liǎng gè rén zhēn è le. kàn kan shǒu li de bàng bàng táng, hā! jiù xiān chī bàng bàng táng ba!

想到吃，两个人真饿了。看看手里的棒棒糖，哈！就先吃棒棒糖吧！

"xiān bié chī!" méng xiǎo bèi gāng yào tiǎn, kù xiǎo bǎo hǎn zhù le tā.

"先别吃！"萌小贝刚要舔，酷小宝喊住了她。

méng xiǎo bèi yí huò de wèn: "gàn má? pà yǒu dú ma? zhè bàng bàng táng de qì wèi zhēn de hěn xiāng ne!"

萌小贝疑惑地问："干吗？怕有毒吗？这棒棒糖的气味真的很香呢！"

kù xiǎo bǎo wén wen bàng bàng táng, què shí, fēi cháng fāng xiāng de

酷小宝闻闻棒棒糖，确实，非常芳香的

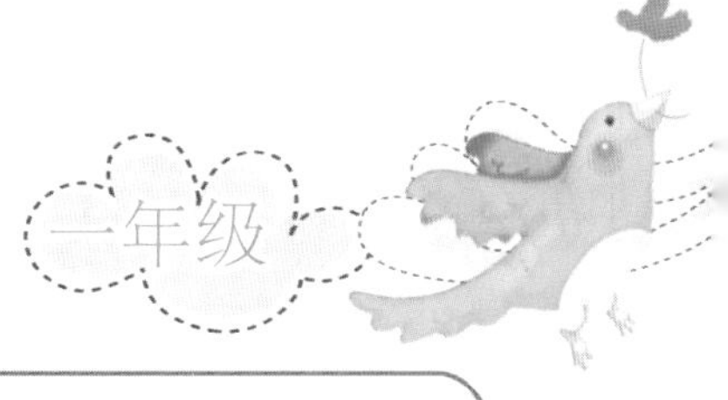

气味，他笑着说："先拍照啊！"

酷小宝和萌小贝各种自拍后，终于可以享用美味的棒棒糖啦。他们把棒棒糖放到嘴边，轻轻舔了一下："啊——真的是很特别的味道！"俩人像电视广告中一样夸张地张大嘴巴，闭上眼睛，想象着棒棒糖化作一道彩虹……

"咔嚓，咔嚓——"酷小宝和萌小贝听到咔嚓声睁开双眼，眼前真的出现了一座好大的彩虹滑梯，他们就站在彩虹滑梯上。

酷小宝和萌小贝惊喜地从彩虹滑梯顶端滑下，降落到了一座城堡前，城堡上写着几个大字："数学城欢迎远方的朋友。"

"数学城？不是奇境？"酷小宝和萌小

bèi tóng shí niǔ tóu kàn duì fāng shù xué chéng yīng gāi yě hěn hǎo
贝同时扭头看对方，“数学城应该也很好
wán ba
玩吧？”

méng xiǎo bèi tiáo pí yí xiào shuō kěn dìng hǎo wán shù xué běn
萌小贝调皮一笑，说：“肯定好玩，数学本
lái jiù hěn yǒu qù zán men jìn qù kàn kan ba rú guǒ bǎ zhào piàn hé
来就很有趣！咱们进去看看吧！如果把照片和
shì pín fā dào bó kè shang mā ma de bó kè jiù gèng huǒ le
视频发到博客上，妈妈的博客就更火了！”

kù xiǎo bǎo xiǎng xiàng zhào piàn hé shì pín bào guāng hòu tā men
酷小宝想象照片和视频曝光后，他们
jiā bèi diàn shì tái jì zhě bāo wéi de chǎng jǐng yáo yao tóu shuō wǒ
家被电视台记者包围的场景，摇摇头说：“我
kě bù xiǎng zuò gōng zhòng rén wù
可不想做公众人物。”

tā liǎ zǒu dào dà mén qián mén shì jǐn bì de mén shang yǒu yì
他俩走到大门前，门是紧闭的。门上有一
xiē qí guài de fú hào
些奇怪的符号。

kù xiǎo bǎo hé méng xiǎo bèi yí kàn zhè xiē fú hào kāi xīn de
酷小宝和萌小贝一看这些符号，开心地
xiào le kù xiǎo bǎo ná chū shǒu jī gǎn jǐn pāi zhào méng xiǎo bèi shuō
笑了。酷小宝拿出手机赶紧拍照。萌小贝说：

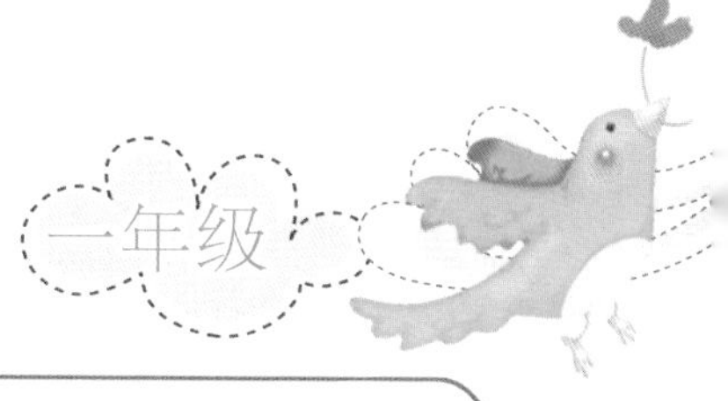

“是古埃及人使用的象形数字，小菜一碟。”

酷小宝说：“这可难不倒咱们！”

为什么呢？因为这些数字符号在一年级上册数学课本的“你知道吗？”一课中出现过。虽然当时老师没细讲，只告诉大家是古埃及的象形数字，大概了解就行，但酷小宝和萌小贝感觉非常好玩儿，俩人回到家里就用这些数字符号互相出题考对方，还一起考爸爸妈妈。他们对这些象形数字再熟悉不过了。

酷小宝说：“第一个算式我来说。每一条竖线代表1，∩代表10，第一个算式是10－4＝6。”

萌小贝说：“第二个算式我来说吧，是2＋5＝7。”

méng xiǎo bèi huà yīn gāng luò liǎng gè suàn shì biàn chéng le ā
萌小贝话音刚落，两个算式变成了阿
lā bó shù zì de suàn shì rán hòu shǎn dòng le sān cì biàn chéng le
拉伯数字的算式，然后闪动了三次，变成了
liǎng zhī cū cū de huà bǐ fēi dào le kù xiǎo bǎo hé méng xiǎo bèi shǒu
两支粗粗的画笔飞到了酷小宝和萌小贝手
zhōng
中。

zhù jìn ěr duo li de xiǎo jīng líng

住进耳朵里的小精灵

kù xiǎo bǎo hé méng xiǎo bèi kàn kan shǒu zhōng de huà bǐ fēi cháng hào qí
酷小宝和萌小贝看看手中的画笔，非常好奇。

kù xiǎo bǎo shuō bú huì shì mǎ liáng de shén bǐ ba
酷小宝说："不会是马良的神笔吧？"

méng xiǎo bèi shuō dǎ kāi huà yi huà jiù zhī dào le
萌小贝说："打开画一画就知道了。"

tā men dǎ kāi bǐ mào què fā xiàn bǐ jiān shì tòu míng de shuǐ jīng
他们打开笔帽，却发现笔尖是透明的水晶。

yí zěn me méi yǒu yán sè liǎ rén tóng shí yí huò de shuō
"咦？怎么没有颜色？"俩人同时疑惑地说。

kù xiǎo bǎo shuō zhè shì yì zhī shén me yàng de bǐ ne zhǐ shì yòng lái shōu cáng de ba zhè ge shuǐ jīng de bǐ jiān yīng gāi fēi cháng zhēn guì
酷小宝说："这是一支什么样的笔呢？只是用来收藏的吧？这个水晶的笔尖应该非常珍贵！"

liǎ rén zhèng zài tǎo lùn fā xiàn mén shang yòu chū xiàn le xīn de
俩人正在讨论，发现门上又出现了新的

tú àn yì pái xiǎo huā de jiǎn bǐ huà huà shàng miàn xiě zhe liǎng
图案：一排小花的简笔画，画上面写着两

háng zì
行字：

bǎ zuǒ bian de duǒ xiǎo huā tú chéng fěn sè bǎ dì duǒ
1. 把左边的5朵小花涂成粉色，把第5朵

xiǎo huā quān qi lai
小花圈起来。

bǎ yòu bian de duǒ xiǎo huā tú chéng lán sè bǎ dì duǒ
2. 把右边的4朵小花涂成蓝色，把第2朵

xiǎo huā quān qi lai
小花圈起来。

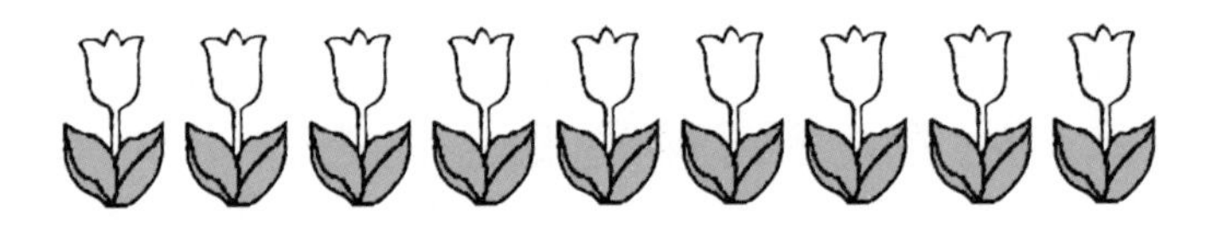

kù xiǎo bǎo hé méng xiǎo bèi bǎ tí mù dú wán shuō wǒ zuì xǐ
酷小宝和萌小贝把题目读完，说：“我最喜

huan zhè yàng de shù xué tí le
欢这样的数学题了！”

kě shì yòng shén me tú sè ne nán dào shì yòng zhè zhī tòu
可是，用什么涂色呢？难道是用这支透

míng de shuǐ jīng bǐ ma
明的水晶笔吗？

liǎ rén zhèng fā chóu dī tóu fā xiàn tòu míng de shuǐ jīng bǐ jiān yǐ jīng
俩人正发愁，低头发现透明的水晶笔尖已经

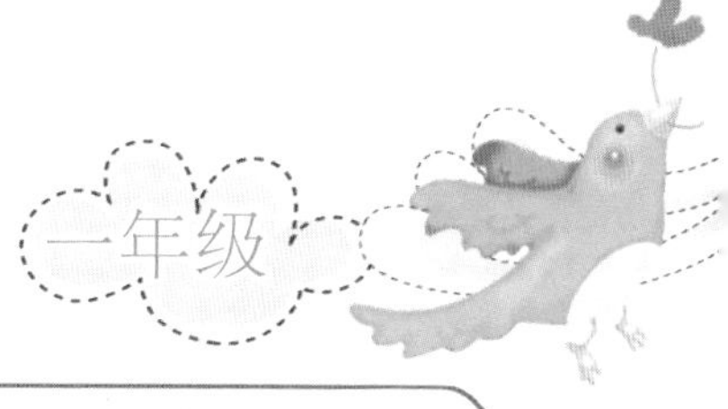

变了色，像宝石一样发出绚丽的光彩。萌小贝手里的笔变成了粉色，酷小宝手里的笔变成了蓝色。

萌小贝说："太棒了，我来涂粉色。"

"把左边的5朵小花涂成粉色。"萌小贝读完题目，从左边数数。"1，2，3，4，5。"数到第5朵，把第5朵涂上了粉色。

酷小宝哈哈大笑："萌小贝呀萌小贝，平时你那么细心，今天怎么了？"

萌小贝不解地问："怎么了？有什么不对吗？"

酷小宝说："是把左边的5朵小花涂成粉色，不是第5朵！左边的5朵小花，一共是5朵小花；第5朵，才是一朵小花！"

méng xiǎo bèi zài kàn kan tí mù shuō āi yā wǒ shì tài jī
萌小贝再看看题目，说：“哎呀！我是太激
dòng le zuǒ bian de duǒ shì dì duǒ dào dì duǒ dōu yào tú
动了。左边的5朵，是第1朵到第5朵都要涂
wa
哇！”

shuō wán méng xiǎo bèi bǎ zuǒ bian de duǒ xiǎo huā dōu tú chéng
说完，萌小贝把左边的5朵小花都涂成
le fěn sè jiē zhe dú tí bǎ dì duǒ xiǎo huā quān qi lai dì
了粉色，接着读题：“把第5朵小花圈起来，第5
duǒ jiù shì quān qi lai dì duǒ zhè yì duǒ xiǎo huā zhè xià wǒ bú
朵，就是圈起来第5朵这一朵小花。这下我不
huì chū cuò le rán hòu méng xiǎo bèi bǎ dì duǒ xiǎo huā yòng fěn
会出错了。”然后，萌小贝把第5朵小花用粉
sè bǐ quān le qǐ lái
色笔圈了起来。

kù xiǎo bǎo yì biān dú tí yì biān tú sè bǎ yòu bian de duǒ
酷小宝一边读题一边涂色：“把右边的4朵
xiǎo huā tú chéng lán sè shì cóng yòu bian shǔ duǒ bǎ zhè duǒ dōu
小花涂成蓝色，是从右边数4朵，把这4朵都
tú chéng lán sè bǎ dì duǒ xiǎo huā quān qi lai shì bǎ dì duǒ
涂成蓝色；把第2朵小花圈起来，是把第2朵
zhè yì duǒ quān qi lai
这一朵圈起来。”

bǎ zuǒ bian de duǒ xiǎo huā tú chéng fěn sè bǎ dì duǒ
1. 把左边的5朵小花涂成粉色，把第5朵
xiǎo huā quān qi lai
小花圈起来。

2. 把右边的4朵小花涂成蓝色，把第2朵小花圈起来。

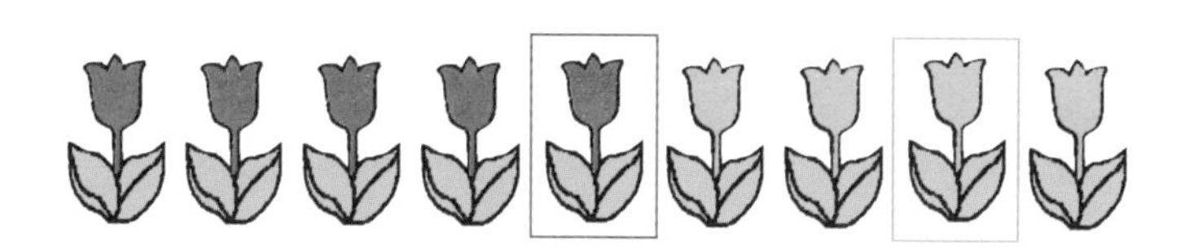

酷小宝刚刚完成，被圈起来的粉色小花和蓝色小花发生了变化，先是慢慢饱胀起来，然后花瓣裂开，从里面飞出一个小精灵。

粉色小花里飞出一个穿着粉色衣裙的小精灵，蓝色小花里飞出一个穿着蓝色短裤的小精灵。两只小精灵说："嗨！你们好！我叫晶晶（我叫灵灵），以后，你们就是我们俩的主人，我们俩就是你们的宠物精灵了。嘻嘻，以后，我们就住在你们的耳朵里。"

shuō wán hái méi děng kù xiǎo bǎo hé méng xiǎo bèi fǎn yìng guo lai
说完，还没等酷小宝和萌小贝反应过来，

liǎng zhī xiǎo jīng líng jiù fēi dào le tā men de ěr duo li shuō yě qí
两只小精灵就飞到了他们的耳朵里。说也奇

guài ěr duo li zhù jìn liǎng zhī xiǎo jīng líng yì diǎnr yě méi gǎn
怪，耳朵里住进两只小精灵，一点儿也没感

dào bù shū fu
到不舒服。

zhè shí shù xué chéng de dà mén dǎ kāi le
这时，数学城的大门打开了。

cǎi zhe huā duǒ guò hé qù
踩着花朵过河去

shù xué chéng de dà mén dǎ kāi le　yí gè kāi kuò de shì jiè
数学城的大门打开了，一个开阔的世界
chū xiàn zài kù xiǎo bǎo hé méng xiǎo bèi yǎn qián　tài yáng shì qī cǎi de
出现在酷小宝和萌小贝眼前。太阳是七彩的，
xiàng cǎi hóng táng　yún duǒ nà me bái　xiǎo cǎo nà me lǜ　huār nà
像彩虹糖。云朵那么白，小草那么绿，花儿那
me yàn　jìn chù de shù　yuǎn chù de shān　wān qū de xiǎo lù　yí
么艳，近处的树、远处的山、弯曲的小路，一
qiè dōu xiǎn de nà me qīng xīn　róu hé　fǎng fú lián fēng dōu dài zhe dàn
切都显得那么清新、柔和，仿佛连风都带着淡
dàn de cǎi sè
淡的彩色。

méng xiǎo bèi cóng dì shang zhuā qǐ yì bǎ tǔ　shuō　zhè
萌小贝从地上抓起一把土，说："这
lǐ de ní tǔ yě shì qiǎo kè lì
里的泥土也是巧克力！"

kù xiǎo bǎo shuō　hā hā　zhè xià nǐ kě yǐ chī gè gòu le
酷小宝说："哈哈，这下你可以吃个够了。
bú guò　qiān wàn bù néng tài tān chī　yào bù rán　chī de xiàng xiǎo zhū
不过，千万不能太贪吃，要不然，吃得像小猪
nà yàng pàng jiù cǎn le
那样胖就惨了。"

萌小贝咽了一下口水，说："说不定这里的巧克力和咱们那里的不一样呢！说不定吃了不仅不会长胖，还能美容呢！"

"喂喂喂，萌小贝，饿了吧？这里不仅泥土可以吃，花瓣儿的味道更鲜美！"住在萌小贝耳朵里的小精灵"灵灵"开口说话了，吓了萌小贝一跳。

萌小贝说："灵灵，你吓死我了！不过，听你后面说的话，我就原谅你吧！"

灵灵笑着从萌小贝耳朵里飞出来，说："为了表达我的歉意，我带你们去吃好吃的怎么样？"

萌小贝开心地拍手叫好，灵灵赶紧闪到一旁，说："喂喂喂，萌小贝！你小心点儿，别

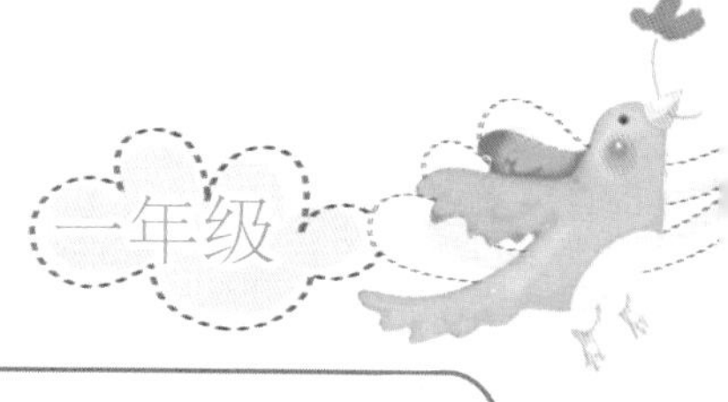

yì bā zhǎng bǎ wǒ dāng wén zi gěi pāi sǐ le
一巴掌把我当蚊子给拍死了！”

líng ling shuō wán fēi huí le méng xiǎo bèi de ěr duo li rě de méng xiǎo bèi hā hā dà xiào
灵灵说完飞回了萌小贝的耳朵里，惹得萌小贝哈哈大笑。

kù xiǎo bǎo yě è le pāi pai zì jǐ de ěr duo hǎn dào jīng jing líng ling dōu yào dài méng xiǎo bèi qù chī hǎo chī de le nǐ zěn me bù kēng shēng a
酷小宝也饿了，拍拍自己的耳朵喊道：“晶晶，灵灵都要带萌小贝去吃好吃的了，你怎么不吭声啊？”

kù xiǎo bǎo de ěr duo li chuán chū jīng jing lǎn yáng yáng de shēng yīn ò nà ge nǐ gēn zhe qù jiù xíng le bù hǎo yì si wǒ zài shuì yí huìr
酷小宝的耳朵里传出晶晶懒洋洋的声音：“哦，那个——你跟着去就行了。不好意思，我再睡一会儿。”

kù xiǎo bǎo shēng qì de shuō hng zhēn bú xìng ràng wǒ yù dào nǐ zhè ge lǎn chóng jīng líng kě shì ěr duo li yì diǎnr dòng jing dōu méi yǒu le gū jì jīng jing yòu shuì zháo le
酷小宝生气地说：“哼！真不幸，让我遇到你这个懒虫精灵！”可是，耳朵里一点儿动静都没有了。估计，晶晶又睡着了。

méng xiǎo bèi hǎn kù xiǎo bǎo xiǎo bǎo gēn wǒ yì qǐ qù chī měi wèi de dà cān ba méng xiǎo bèi zài qián miàn zǒu kù xiǎo bǎo zài
萌小贝喊酷小宝：“小宝，跟我一起去吃美味的大餐吧！”萌小贝在前面走，酷小宝在

hòu miàn gēn zhe
后面跟着。

zài líng ling de zhǐ yǐn xià tā men zǒu guò yí piàn lǜ róng róng de
在灵灵的指引下，他们走过一片绿茸茸的

cǎo dì chuān guò yí piàn xūn yī cǎo huā tián lái dào yì tiáo xiǎo hé
草地，穿过一片薰衣草花田，来到一条小河

biān xiǎo hé shang méi yǒu qiáo yě méi yǒu chuán zhǐ yǒu yì duǒ duǒ xiān
边。小河上没有桥，也没有船，只有一朵朵鲜

yàn de huā duǒ fú zài xiǎo hé shàng miàn cóng zhè àn tōng xiàng duì
艳的花朵浮在小河上面，从这岸通向对

àn měi duǒ huā de huā xīn shang dōu yǒu yí gè shù zì ér qiě shì
岸。每朵花的花心上都有一个数字，而且是

àn shùn xù pái liè de
按顺序排列的。

méng xiǎo bèi gào su kù xiǎo bǎo líng ling shuō le zhè xiē
萌小贝告诉酷小宝：“灵灵说了，这些

huā duǒ jiù shì guò hé de qiáo dàn shì nán háir bì xū àn shùn xù
花朵就是过河的桥。但是，男孩儿必须按顺序

cǎi zhe dān shù zǒu nǚ háir bì xū àn shùn xù cǎi zhe shuāng shù
踩着单数走；女孩儿必须按顺序踩着双数

zǒu
走。”

kù xiǎo bǎo shuō guài bu de jiào shù xué chéng guò gè hé dōu
酷小宝说：“怪不得叫数学城，过个河都

yào yòng dào shù xué shén me dān shù shuāng shù wa wǒ yào yìng shì cǎi
要用到数学。什么单数、双数哇？我要硬是踩

zhe shuāng shù zǒu néng zěn me yàng
着双数走能怎么样？”

nǐ huì diào xià hé kù xiǎo bǎo ěr duo li de jīng jing tū
“你会掉下河。”酷小宝耳朵里的晶晶突
rán kāi kǒu xià le tā yí tiào kù xiǎo bǎo jīng jiào dào jīng jing
然开口，吓了他一跳。酷小宝惊叫道：“晶晶！
nǐ nǐ
你！你！”

jīng jing cóng kù xiǎo bǎo ěr duo li fēi chu lai tiáo pí de shuō
晶晶从酷小宝耳朵里飞出来，调皮地说：
hā hā wǒ wǒ wǒ shuì xǐng la yào bu yào wǒ gěi nǐ kē pǔ
“哈哈！我，我，我睡醒啦！要不要我给你科普
yí xià suǒ wèi shuāng shù jiù shì liǎng gè liǎng gè de shǔ zhèng hǎo
一下？所谓双数，就是两个两个地数，正好
shǔ wán
数完……”

kù xiǎo bǎo cháo jīng jing yì pāi shǒu shuō suǒ wèi dān shù jiù
酷小宝朝晶晶一拍手，说：“所谓单数，就
shì liǎng gè liǎng gè de shǔ shǔ dào zuì hòu hái shèng yí gè wǒ yòng
是两个两个地数，数到最后还剩一个！我用
de zháo nǐ jiāo ya wǒ kě shì bān li de shù xué wáng zǐ
得着你教呀？我可是班里的‘数学王子’！”

jīng jing duǒ guò kù xiǎo bǎo de shǒu zhǎng shuō āi yō zhēn
晶晶躲过酷小宝的手掌，说：“哎哟，真
shì gǒu yǎo lǚ dòng bīn jīng jing de huà hái méi shuō wán kù xiǎo
是狗咬吕洞宾——”晶晶的话还没说完，酷小
bǎo yòu pāi guo qu jīng jing gǎn jǐn bì zuǐ fēi huí dào kù xiǎo bǎo de
宝又拍过去，晶晶赶紧闭嘴，飞回到酷小宝的
ěr duo li jì xù shuō nǐ zhēn xiǎng bǎ wǒ dāng wén zi pāi sǐ
耳朵里，继续说：“你真想把我当蚊子拍死

呀？真小心眼儿。”

酷小宝调皮地一笑，说：“哈哈，我还真想试试，看你是不是像蚊子一样不经拍！”晶晶赶紧说：“不能开这个玩笑，我比蚊子还脆弱呢！”

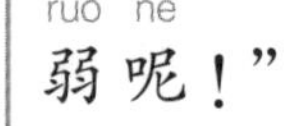

哈哈——酷小宝笑了，说：“逗你玩呢，哪会舍得真拍？”

“酷小宝！你还要不要过去？我先在前面走了呀。”萌小贝喊。

硕大的花朵能同时站下一个人的两只脚，花朵与花朵紧紧相邻，要过去非常容易。

萌小贝站在岸边，隔着花朵1，迈到花朵2上，然后是4，6，8，10，12，…，98，100。

酷小宝踩着花朵1，3，5，7，9，11，…，

97，99。

tā men hěn kuài shùn lì de dào dá le hé duì àn
他们很快顺利地到达了河对岸。

吃顿饭咋这么难？（1）

酷小宝和萌小贝顺利过了河，又翻过了一座山，真是又累又饿，终于到了一个写着“美味吧”的小屋。

“欢迎光临小店。”一只虎皮鹦鹉站在门前的花架子上说。

“真可爱！”萌小贝想伸手逗逗虎皮鹦鹉。

“喂！缩回你的手！”灵灵在耳朵里喊，吓得萌小贝赶紧缩回了手，灵灵说，“他是这个店的老板。”

“老板？老板亲自站在门前招呼客人，真够稀奇的！”萌小贝想。

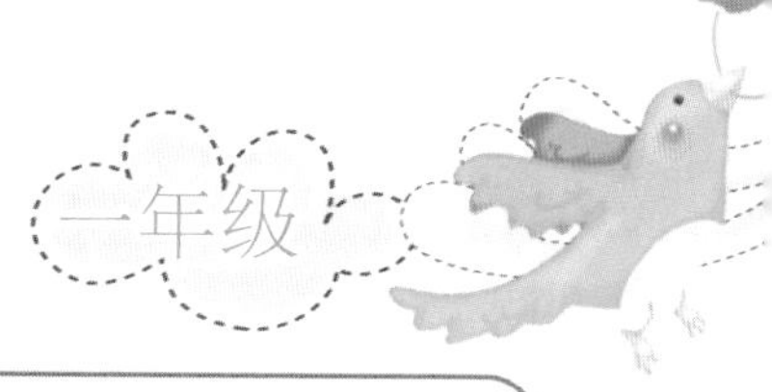

hǔ pí yīng wǔ shuō èr wèi yào jìn diàn yòng cān qǐng xiān
虎皮鹦鹉说：“二位要进店用餐，请先
fù fèi
付费！”

fù fèi kù xiǎo bǎo hé méng xiǎo bèi yì kǒu tóng shēng de
“付费？”酷小宝和萌小贝异口同声地
shuō wǒ men méi qián na
说，“我们没钱哪！”

bú yào qián shì jiě shù xué tí ěr duo li de jīng jing hé
“不要钱，是解数学题！”耳朵里的晶晶和
líng ling shuō
灵灵说。

hǔ pí yīng wǔ shuō qǐng tīng tí shù shang yǒu zhī niǎo
虎皮鹦鹉说：“请听题：树上有10只鸟，
liè rén yì qiāng dǎ zhòng le yì zhī shù shang hái shèng jǐ zhī niǎo
猎人一枪打中了一只，树上还剩几只鸟？”

yì zhī dōu méi yǒu le yīn wèi dǎ zhòng yì zhī zhè yì zhī diào
“一只都没有了！因为打中一只，这一只掉
xia lai lìng wài de zhī quán xià fēi le kù xiǎo bǎo qiǎng dá
下来，另外的9只全吓飞了。”酷小宝抢答。

hǔ pí yīng wǔ diǎn dian tóu shuō bú cuò
虎皮鹦鹉点点头，说：“不错！”

kù xiǎo bǎo xiǎng zhè tí yǒu jǐ gè rén bú huì ne wǒ shàng
酷小宝想：“这题有几个人不会呢？我上
yòu ér yuán shí jiù zhī dào
幼儿园时就知道。”

méng xiǎo bèi shuō wǒ hái yǒu lìng wài yí gè dá àn hái yǒu
萌小贝说：“我还有另外一个答案，还有

kě néng shèng yì zhī
可能剩一只。”

hǔ pí yīng wǔ hào qí de wèn yì zhī zěn me huí shì
虎皮鹦鹉好奇地问：“一只？怎么回事？”

méng xiǎo bèi shuō yě xǔ bèi liè rén dǎ zhòng de nà zhī niǎo
萌小贝说：“也许，被猎人打中的那只鸟

méi diào xia lai bèi shù zhī guà zhù le
没掉下来，被树枝挂住了。”

hǔ pí yīng wǔ lián lián diǎn tóu hěn xīn qí de dá àn jì
虎皮鹦鹉连连点头：“很新奇的答案，记

xia lai
下来。”

shuā shuā shuā kù xiǎo bǎo hé méng xiǎo bèi zhè cái fā
“唰唰唰——”酷小宝和萌小贝这才发

xiàn duì miàn de huā jià zi shang zuò zhe yì zhī dà xīng xing dà xīng
现，对面的花架子上，坐着一只大猩猩。大猩

xing fēi sù de zài běn zi shang zuò jì lù
猩飞速地在本子上做记录。

hǔ pí yīng wǔ jiē zhe shuō qǐng tīng tí tíng diàn de yì tiān
虎皮鹦鹉接着说：“请听题：停电的一天

wǎn shang wǒ pà hēi zài fáng jiān li diǎn zháo zhī là zhú lái zhào
晚上，我怕黑，在房间里点着16支蜡烛来照

míng fēng chuī jin lai chuī miè le liǎng zhī là zhú fáng jiān li hái yǒu
明。风吹进来，吹灭了两支蜡烛，房间里还有

jǐ zhī là zhú
几支蜡烛？”

kù xiǎo bǎo dá dāng rán hái yǒu zhī yīn wèi suī rán
酷小宝答：“当然还有16支，因为虽然

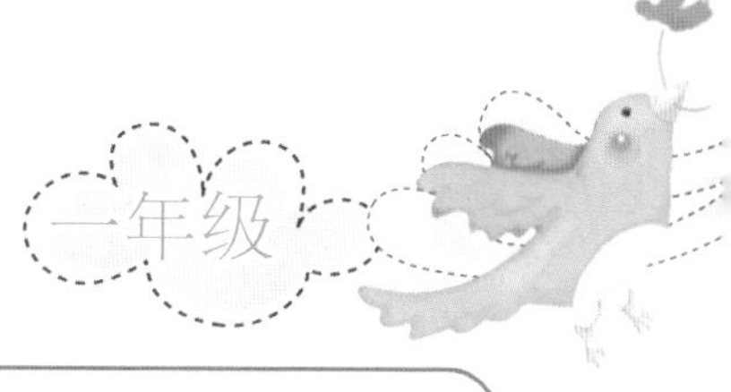

yǒu liǎng zhī bèi chuī miè le dàn tā hái shi là zhú hái zài fáng jiān
有两支被吹灭了，但它还是蜡烛，还在房间

li
里。”

hǔ pí yīng wǔ diǎn dian tóu jì xù wèn dào dì èr tiān zǎo
虎皮鹦鹉点点头，继续问：“到第二天早

chen wǒ de fáng jiān li hái yǒu jǐ zhī là zhú ne
晨，我的房间里还有几支蜡烛呢？”

méng xiǎo bèi dá yīng gāi hái shèng bèi fēng chuī miè de liǎng zhī
萌小贝答：“应该还剩被风吹灭的两支，

yīn wèi qí tā de là zhú dōu yǐ jīng rán wán le
因为其他的蜡烛都已经燃完了。”

hǔ pí yīng wǔ diǎn dian tóu jì xù chū tí wǒ zài tiān píng de
虎皮鹦鹉点点头，继续出题：“我在天平的

zuǒ yòu liǎng biān gè fàng gè zhèng fāng tǐ rán hòu cóng zuǒ bian ná
左右两边各放5个正方体，然后，从左边拿

diào yí gè tiān píng shang hái shèng jǐ gè zhèng fāng tǐ
掉一个。天平上还剩几个正方体？”

zhè cì kù xiǎo bǎo hé méng xiǎo bèi dī tóu sī kǎo le yí xià
这次，酷小宝和萌小贝低头思考了一下，

méng xiǎo bèi huí dá zhè ge yīng gāi àn zhèng cháng de sī lù jiě
萌小贝回答：“这个应该按正常的思路解

dá yì biān gè gè yě jiù shì shuō liǎng biān yí gòng
答。一边各5个，也就是说两边一共5+5=

gè rán hòu cóng zuǒ bian ná diào yí gè yí gòng jiù shǎo le
10(个)，然后，从左边拿掉一个，一共就少了

yí gè suǒ yǐ hái shèng gè
一个，所以，还剩10−1=9(个)。”

酷小宝补充道："也可以这样想：一边各5个，左边拿掉一个，剩5−1=4（个）。两边一共4+5=9（个）。"

虎皮鹦鹉点头说："分析得很详细。请听题：我在天平左右两边各放5个乒乓球，然后，从左边拿掉一个，还剩几个？"

酷小宝和萌小贝刚要回答，又都闭上了嘴。因为耳朵里的小精灵提醒他们：要先思考，再作答。

思考片刻，酷小宝说："这道题与上一道题有所不同，因为刚刚是正方体，正方体的6个面都是平的，不容易滚动，而乒乓球与正方体不同，它容易滚动。"

萌小贝接着说："所以，汽车的轮子选择

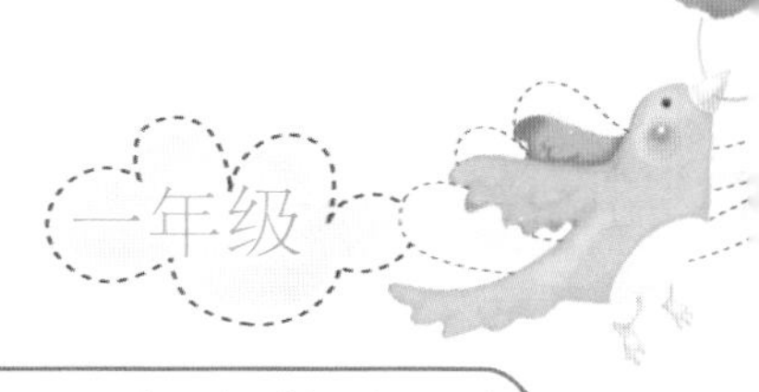

zuò chéng yuán xíng ér bú shì zhèng fāng xíng gāng gāng tiān píng liǎng biān gè
做成圆形而不是正方形。刚刚天平两边各

fàng gè zhèng fāng tǐ rán hòu cóng zuǒ bian ná diào yí gè tiān píng huì
放5个正方体，然后从左边拿掉一个，天平会

yīn wèi yòu bian zhòng ér xiàng yòu bian qīng xié dàn zhèng fāng tǐ bù róng
因为右边重而向右边倾斜，但正方体不容

yì gǔn dòng suǒ yǐ bú huì diào xia lai
易滚动，所以不会掉下来。”

kù xiǎo bǎo shuō duì pīng pāng qiú róng yì gǔn dòng dāng cóng
酷小宝说：“对。乒乓球容易滚动，当从

zuǒ bian ná diào yí gè pīng pāng qiú hòu běn lái píng héng de tiān píng huì
左边拿掉一个乒乓球后，本来平衡的天平会

qīng xié qīng xié zhī hòu pīng pāng qiú jiù huì gǔn luò xia lai
倾斜，倾斜之后，乒乓球就会滚落下来。”

suǒ yǐ tiān píng shang yí gè pīng pāng qiú dōu méi yǒu le
“所以，天平上一个乒乓球都没有了。”

kù xiǎo bǎo hé méng xiǎo bèi yì qí shuō
酷小宝和萌小贝一齐说。

hā hā zhèng què hǔ pí yīng wǔ kāi xīn de shuō
“哈哈，正确！”虎皮鹦鹉开心地说。

chī dùn fàn zǎ zhè me nán

吃顿饭咋这么难？（2）

jiàn hǔ pí yīng wǔ xiào de nà me kāi xīn dù zi gū gū jiào
见虎皮鹦鹉笑得那么开心，肚子咕咕叫

de kù xiǎo bǎo rěn bu zhù wèn xiān sheng wǒ men shén me shí hou
的酷小宝忍不住问：“先生，我们什么时候

néng yòng cān ne
能用餐呢？”

hǔ pí yīng wǔ xiào xiao shuō hěn kuài jiù kě yǐ le qǐng èr
虎皮鹦鹉笑笑说：“很快就可以了！请二

wèi jìn qù ba
位进去吧。”

yē kù xiǎo bǎo hé méng xiǎo bèi kāi xīn de jiào le qǐ lái
“耶！”酷小宝和萌小贝开心地叫了起来。

zǒu jìn měi shí bā kù xiǎo bǎo hé méng xiǎo bèi dōu jīng dāi
走进“美食吧”，酷小宝和萌小贝都惊呆

le yīn wèi lǐ miàn de bù zhì tài měi le téng wàn xiān huā kōng qì
了，因为里面的布置太美了：藤蔓、鲜花，空气

qīng xīn xiàng shān jiān de zhú lín
清新，像山间的竹林。

yí wèi chuān zhe fěn sè péng péng qún de tù xiǎo jiě shàng qián wèn
一位穿着粉色蓬蓬裙的兔小姐上前问

hǎo bǎ tā men dài dào yí gè yòng kāi mǎn xiān huā de téng wàn gé kāi
好，把他们带到一个用开满鲜花的藤蔓隔开

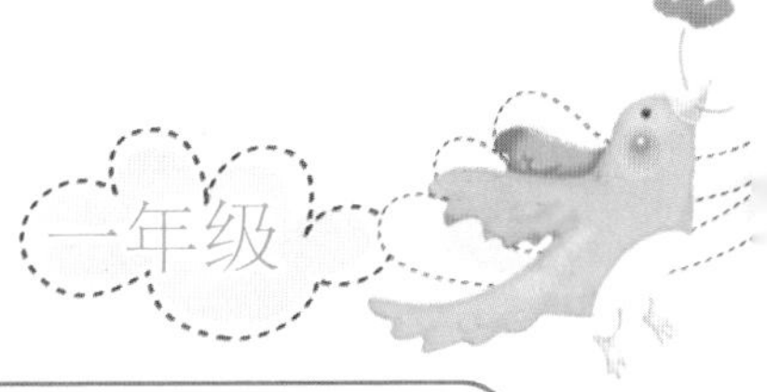

de xiǎo kōng jiān li kù xiǎo bǎo hé méng xiǎo bèi yòu jīng dāi le jìng rán
的小空间里。酷小宝和萌小贝又惊呆了：竟然
yǒu yí gè dà dà de qiū qiān qiū qiān shang yǒu liǎng gè zuò wèi qián
有一个大大的秋千，秋千上有两个座位，前
miàn yǒu bǎi fàng cān jù de xiǎo zhuō zi
面有摆放餐具的小桌子。

méng xiǎo bèi kāi xīn de zuò shàng qiū qiān shuō hǎo piào liang
萌小贝开心地坐上秋千，说：“好漂亮，
hǎo xǐ huan gōng zhǔ de gǎn jué kuài gěi wǒ pāi zhào
好喜欢，公主的感觉。快！给我拍照！”

ò wǒ bú què dìng zì jǐ dàng lái dàng qù de chī fàn huì bu
“哦！我不确定自己荡来荡去地吃饭会不
huì bèi dàng yūn kù xiǎo bǎo ná chū shǒu jī yí kàn shuō pāi bu
会被荡晕？”酷小宝拿出手机一看，说，“拍不
liǎo le shǒu jī méi diàn guān jī le
了了，手机没电关机了。”

fú wù yuán dì shàng cài dān shuō qǐng èr wèi diǎn cān
服务员递上菜单，说：“请二位点餐。”

kù xiǎo bǎo hé méng xiǎo bèi jiē guò cài dān mēng le zhè shì
酷小宝和萌小贝接过菜单蒙了：“这是
shén me ya shù xué tí
什么呀？数学题？”

fú wù yuán shuō nín kě yǐ xuǎn zé rèn yì yí dào suàn shì
服务员说：“您可以选择任意一道算式，
měi yí dào suàn shì dōu duì yìng zhe yí dào měi wèi
每一道算式都对应着一道美味。”

chī dùn fàn zǎ zhè me nán kù xiǎo bǎo dū nang dào
“吃顿饭咋这么难？”酷小宝嘟囔道。

萌小贝说：“这么简单的题，小菜一碟，赶紧完成不就行了吗？”

+ 8 = 15　　－　= 30

+　= 12　　= ?　= ?

+　= 18　　= ?　= ?

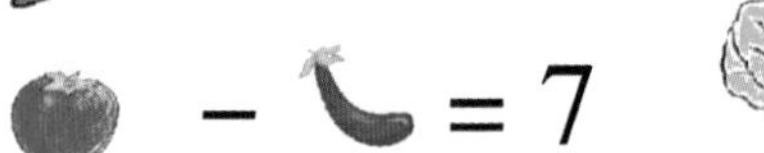

－　= 7　　= ?

酷小宝说：“从蘑菇开始，因为（7）+8=15，所以，蘑菇等于7。”酷小宝说着拿出水晶笔，在蘑菇后面写了个7，奇怪的是，7是紫色的。酷小宝惊喜地说：“原来是支会变颜色的水晶笔！”

萌小贝说：“我来做下一题。刚刚已经算出来蘑菇等于7了，所以，蘑菇+胡萝卜=12，实际上就是7+胡萝卜=12。因为7+（5）=12，所

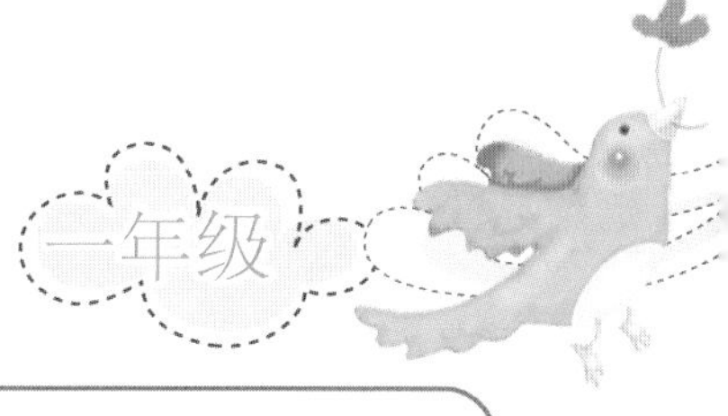

以，胡萝卜=5。”说完她在胡萝卜后面写了个5，数字是橙色的。

萌小贝说：“以后咱们画画就不需要买彩笔了，有了这一支水晶笔就可以了。”

酷小宝嘻嘻笑着说：“我现在不想画画的事，我饿，赶紧做题。胡萝卜+茄子=18，刚刚你已经算出了胡萝卜等于5，也就是说，5+茄子=18。因为5+(13)=18，所以，茄子=13。”

酷小宝在茄子后面写了个13，数字是紫色的，酷小宝说：“喂，我知道茄子是紫色的，但是，我最喜欢蓝色。”

酷小宝说完，数字竟然变成了蓝色。

酷小宝哈哈大笑：“真好，竟然还是支听指挥的智能变色笔！”

萌小贝嘻嘻笑着说："西红柿 − 茄子 = 7，因为已经知道茄子是13了，(20) − 13 = 7，所以，西红柿 = 20。"

萌小贝在写之前说："水晶笔，我最喜欢粉色。"萌小贝在西红柿后面写了个粉色的20。

酷小宝说："最后我来说吧。白菜 − 西红柿 = 30，因为西红柿等于20，(50) − 20 = 30，所以，白菜 = 50。"

酷小宝在白菜后面写下数字5，数字是绿色的，酷小宝说："忘了吗？我喜欢蓝色！"

数字5立即变成了蓝色，然后，酷小宝接着写下了0。

水晶笔却说话了："真没礼貌！"吓得酷小

bǎo chà diǎnr cóng qiū qiān shang diào xia qu
宝差点儿从秋千上掉下去。

hái huì shuō huà ya kù xiǎo bǎo hé méng xiǎo bèi yì kǒu tóng
“还会说话呀！”酷小宝和萌小贝异口同
shēng de shuō
声地说。

zhè shí fú wù yuán zǒu shàng qián lǐ mào de shuō èr wèi
这时，服务员走上前，礼貌地说：“二位
yǐ jīng wán chéng le suǒ yǒu de tí mù suǒ yǐ jīn tiān měi shí bā
已经完成了所有的题目，所以，今天‘美食吧’
suǒ yǒu de měi shí dōu kě yǐ jìn qíng xiǎng yòng
所有的美食都可以尽情享用！”

yē kù xiǎo bǎo hé méng xiǎo bèi xiǎng xiang zhī hòu yào chī de
“耶！”酷小宝和萌小贝想想之后要吃的
měi shí kǒu shuǐ dōu tǎng le chū lái
美食，口水都淌了出来。

yì kǒu qì chī diào le cān zhuō yǐ

一口气吃掉了餐桌椅

tù xiǎo jiě duān zhe cài zǒu shàng qián běn lái liú zhe kǒu shuǐ de
kù xiǎo bǎo hé méng xiǎo bèi chà diǎnr jīng yūn le

兔小姐端着菜走上前，本来流着口水的酷小宝和萌小贝，差点儿惊晕了。

zhè dōu shì shén me cài ya dì yī gè pán zi duān shang lai
jìng rán shì chǎo hú luó bo sī

这都是什么菜呀？第一个盘子端上来，竟然是炒胡萝卜丝！

zài jiā li mā ma jī hū tiān tiān ràng tā men chī hú luó bo
chǎo hú luó bo sī dùn hú luó bo kuài lào hú luó bo bǐng áo hú
luó bo tāng shuō shì bǔ chōng hú luó bo sù chī de tā men kàn
jiàn hú luó bo jiù fǎn wèi

在家里，妈妈几乎天天让他们吃胡萝卜，炒胡萝卜丝、炖胡萝卜块、烙胡萝卜饼、熬胡萝卜汤…… 说是补充胡萝卜素，吃得他们看见胡萝卜就反胃。

jiàn tā men yáo yao tóu tù xiǎo jiě lián máng bǎ pán zi duān zǒu
le lìng yí wèi tù xiǎo jiě duān zhe pán zi lái dào liǎ rén miàn qián

见他们摇摇头，兔小姐连忙把盘子端走了，另一位兔小姐端着盘子来到俩人面前。

ài shì chǎo bái cài kù xiǎo bǎo hé méng xiǎo bèi yòu yáo le yáo tóu

唉，是炒白菜！酷小宝和萌小贝又摇了摇头。

dì sān gè cài chǎo qié zi kuài kù xiǎo bǎo hé méng xiǎo bèi yáo
第三个菜：炒茄子块。酷小宝和萌小贝摇
tóu tù xiǎo jiě yòu duān zǒu le
头，兔小姐又端走了。

dì sì gè cài xī hóng shì chǎo jī dàn kù xiǎo bǎo hé méng
第四个菜：西红柿炒鸡蛋。酷小宝和萌
xiǎo bèi hái shi yáo tóu tù xiǎo jiě zhǐ hǎo yòu duān zǒu le
小贝还是摇头，兔小姐只好又端走了。

dì wǔ gè cài mù ěr dùn xiāng gū hā hā zhè hái chà bu
第五个菜：木耳炖香菇。“哈哈，这还差不
duō kù xiǎo bǎo hé méng xiǎo bèi qí shēng shuō
多！”酷小宝和萌小贝齐声说。

kù xiǎo bǎo hé méng xiǎo bèi fēi cháng xǐ huan chī xiǎo jī dùn mó
酷小宝和萌小贝非常喜欢吃小鸡炖蘑
gu měi cì shǔ jià huí lǎo jiā nǎi nai dōu huì gěi tā men zuò zhè cì
菇，每次暑假回老家，奶奶都会给他们做。这次
suī rán méi yǒu xiǎo jī mù ěr yě bú cuò
虽然没有小鸡，木耳也不错。

kù xiǎo bǎo hé méng xiǎo bèi jiē guò tù xiǎo jiě dì guo lai de kuài
酷小宝和萌小贝接过兔小姐递过来的筷
zi jiā le yí kuài xiāng gū jiù fàng zuǐ li le
子，夹了一块香菇就放嘴里了。

è è è kù xiǎo bǎo hé méng xiǎo bèi biǎo qíng huá jī
“呃！呃！呃！”酷小宝和萌小贝表情滑稽
jí le
极了。

jīng jing hé líng ling wèn zěn me huí shì
晶晶和灵灵问：“怎么回事？”

tài xián le bǐ yān luó bo hái xián ne
“太咸了，比腌萝卜还咸呢！”

méng xiǎo bèi dī shēng shuō líng ling nǐ kēng wǒ fèi nà me dà jìn dài wǒ lái chī zhè me nán chī de dōng xi
萌小贝低声说：“灵灵，你坑我！费那么大劲，带我来吃这么难吃的东西。”

líng ling zài ěr duo li hǎn yuān nán chī ma wǒ men zhè lǐ de jū mín dōu shuō zhè lǐ de měi shí shì zuì hǎo chī de ya
灵灵在耳朵里喊冤：“难吃吗？我们这里的居民都说这里的美食是最好吃的呀。”

kù xiǎo bǎo hé méng xiǎo bèi shì yì kǒu dōu chī bu xià qù le
酷小宝和萌小贝是一口都吃不下去了。

kù xiǎo bǎo jiàn shēn biān méi yǒu shén me rén cóng téng wàn qiū qiān shang zhāi le piàn huā bànr hé lǜ yè fàng jìn zuǐ li wā zhēn hǎo chī ya
酷小宝见身边没有什么人，从藤蔓秋千上摘了片花瓣儿和绿叶放进嘴里。哇，真好吃呀！

kù xiǎo bǎo hé méng xiǎo bèi hěn kuài jiù bǎ néng gòu de zháo de lǜ yè hé huā bànr chī wán le
酷小宝和萌小贝很快就把能够得着的绿叶和花瓣儿吃完了。

tā men kàn kan zì jǐ miàn qián de zhuō zi yuán lái shì qiǎo kè lì zuò de bāi le yí kuài fàng dào zuǐ li yě hǎo chī de bù dé liǎo
他们看看自己面前的桌子，原来是巧克力做的，掰了一块放到嘴里，也好吃得不得了。

chī chī chī hǎo chī de gēn běn tíng bu xià lái ya
吃，吃，吃…… 好吃得根本停不下来呀。

pū tōng yì shēng kù xiǎo bǎo zhòng zhòng de shuāi dǎo zài dì
“扑通”一声，酷小宝重重地摔倒在地

shang zěn me huí shì hā hā shì kù xiǎo bǎo bǎ téng wàn qiū qiān gěi
上。怎么回事？哈哈，是酷小宝把藤蔓秋千给

chī duàn le
吃断了。

ò wǒ de tiān kù xiǎo bǎo nǐ jiǎn zhí tài néng chī le
“哦！我的天！酷小宝你简直太能吃了！”

jīng jing shuō
晶晶说。

kù xiǎo bǎo shuō pǎo le nà me yuǎn de lù zěn me kě néng
酷小宝说：“跑了那么远的路，怎么可能

bú è ne
不饿呢？”

jīng jing zháo jí de shuō dàn shì nǐ chī de shì rén jia de
晶晶着急地说：“但是，你吃的是人家的

cān zhuō yǐ zěn me gēn lǎo bǎn jiāo dài ya
餐桌椅，怎么跟老板交代呀？”

méng xiǎo bèi kàn dào shuāi cǎn de kù xiǎo bǎo měng rán jué xǐng
萌小贝看到摔惨的酷小宝，猛然觉醒：

bù gāi chī zhè xiē dōng xi de
不该吃这些东西的。

āi yā yì zhī chuān lán sè lǐ fú hè sè pí xuē de tù
“哎呀！”一只穿蓝色礼服、褐色皮靴的兔

zi jiān jiào zhe chū xiàn zài tā men miàn qián
子尖叫着出现在他们面前。

kù xiǎo bǎo hé méng xiǎo bèi jiàn dào zhè zhī tù zi jīng yà de
酷小宝和萌小贝见到这只兔子，惊讶地

喊道："你？你是？是你！"他俩都不知道要说什么好，面前就是那只出现在他们视频里的兔子。

穿礼服的兔子愁眉苦脸地说："我叫兔子1号，是这里的厨师。你们吃了'美食吧'的餐桌椅，该怎么跟老板交代呢？"

酷小宝和萌小贝刚要说话，兔子1号撒腿跑出了"美食吧"。

酷小宝和萌小贝发了一会儿呆，决定找虎皮鹦鹉请求原谅。

兔子1号正站在虎皮鹦鹉跟前解释。

酷小宝和萌小贝走上前，真诚地道歉："对不起，老板。"

没想到虎皮鹦鹉笑了，说："没关系的，

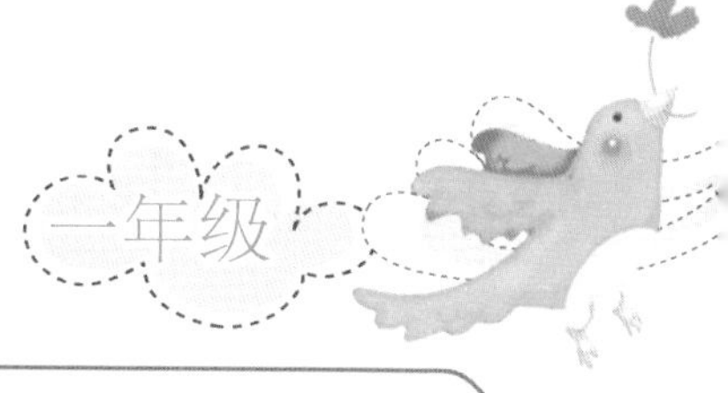

dàn shi nǐ men bì xū bāng wǒ jiě jué yí dào shù xué nán tí
但是，你们必须帮我解决一道数学难题。”

kù xiǎo bǎo hé méng xiǎo bèi yì tīng shù xué tí lì jí fàng sōng
酷小宝和萌小贝一听数学题，立即放松

le shuō méi wèn tí
了，说：“没问题！”

hǔ pí yīng wǔ cóng xiōng qián yǔ máo li dǒu chū yì zhāng zhǐ tù
虎皮鹦鹉从胸前羽毛里抖出一张纸，兔

zi hào jiē guò hòu zhuǎn jiāo gěi le kù xiǎo bǎo
子1号接过后转交给了酷小宝。

kù xiǎo bǎo jiē guo lai yí kàn kāi xīn de xiào le
酷小宝接过来一看，开心地笑了。

★－★＝？　●－●＝？　◎－◎＝？

◆－◆＝？　▲－▲＝？　△－△＝？

■－■＝？　☆－☆＝？　……

kù xiǎo bǎo shuō nín zhè xiē tí qí shí dōu yí yàng měi gè
酷小宝说：“您这些题，其实都一样，每个

fú hào dōu kě yǐ dài biǎo yí gè shù zì kě yǐ dài biǎo yě kě yǐ
符号都可以代表一个数字，可以代表1，也可以

dài biǎo kě yǐ dài biǎo yě kě yǐ dài biǎo děng
代表2，可以代表10，也可以代表50，57，93，等

děng huò zhě gèng dà de shù
等，或者更大的数。”

hǔ pí yīng wǔ diǎn dian tóu wèn wǔ jiǎo xīng kě yǐ dài biǎo
虎皮鹦鹉点点头，问：“五角星可以代表

1，2，或者10，50，或者57，93，或者100？”

酷小宝点头说：“对，也可以代表比100大很多的数。但是，不管代表几，您看看：五角星减去五角星，也就是说有多少减多少，就没有了。比如10－10，等于0。”

晶晶在酷小宝耳朵里小声说：“哈哈，再比如，你把人家的餐桌椅吃掉了，餐桌椅－餐桌椅，就等于0。”

酷小宝忍着笑，心想：“晶晶，回头找你算账！”

虎皮鹦鹉听了酷小宝的解释，开心地说：“哦！我明白了，当减数等于被减数时，差等于0。剩下的所有算式，都等于0！”

酷小宝和萌小贝齐声夸虎皮鹦鹉：“老

bǎn hǎo cōng míng
板好聪明！”

hǔ pí yīng wǔ hǎo kāi xīn ya pū pu chì bǎng fēi xiàng le lán
虎皮鹦鹉好开心呀，扑扑翅膀飞向了蓝
tiān biān fēi biān hǎn wǒ zhōng yú zhī dào dá àn le
天，边飞边喊：“我终于知道答案了！”

jīng jing zài ěr duo li xiǎo shēng shuō kù xiǎo bǎo hēng hēng mǎ
晶晶在耳朵里小声说酷小宝：“哼哼，马
pì jīng
屁精！”

kù xiǎo bǎo pāi pai ěr duo shuō jīng jing yǒu běn shi nǐ gěi
酷小宝拍拍耳朵，说：“晶晶！有本事你给
wǒ chū lái
我出来。”

jīng jing xī xī xiào zhe shuō ò wǒ méi běn shi jiù xǐ huan
晶晶嘻嘻笑着说：“哦！我没本事，就喜欢
dāi zài ěr duo li
待在耳朵里！”

bèi zōng xióng yì jiā shōu liú
被棕熊一家收留

kù xiǎo bǎo zhǐ gù hé jīng jing dòu zuǐ líng ling dào shì hěn ān jìng
酷小宝只顾和晶晶斗嘴，灵灵倒是很安静。
méng xiǎo bèi tū rán xiǎng qǐ wèn wen tù zi hào shì bu shì chū xiàn zài tā
萌小贝突然想起问问兔子1号是不是出现在他
men shì pín li de tù zi què fā xiàn tù zi hào bú jiàn le
们视频里的兔子，却发现兔子1号不见了。

hǔ pí yīng wǔ hěn kuài fēi le huí lái tā fēi cháng gǎn xiè kù
虎皮鹦鹉很快飞了回来，他非常感谢酷
xiǎo bǎo hé méng xiǎo bèi shuō nǐ men rèn hé shí hou dōu kě yǐ miǎn
小宝和萌小贝，说：“你们任何时候都可以免
fèi dào měi shí bā yòng cān
费到‘美食吧’用餐。”

kù xiǎo bǎo hé méng xiǎo bèi yì tīng lián máng shuō xiè xie
酷小宝和萌小贝一听，连忙说：“谢谢！
xiè xie lǎo bǎn xiān sheng wǒ men děi zǒu le
谢谢！老板先生，我们得走了。”

kù xiǎo bǎo hé méng xiǎo bèi cháo hǔ pí yīng wǔ jū le gè gōng
酷小宝和萌小贝朝虎皮鹦鹉鞠了个躬，
huī shǒu shuō zài jiàn kuài sù de lí kāi le měi shí bā tā men
挥手说“再见”，快速地离开了“美食吧”，他们
kě bù xiǎng zài chī nà bǐ yān xián cài hái xián de měi shí le
可不想再吃那比腌咸菜还咸的美食了。

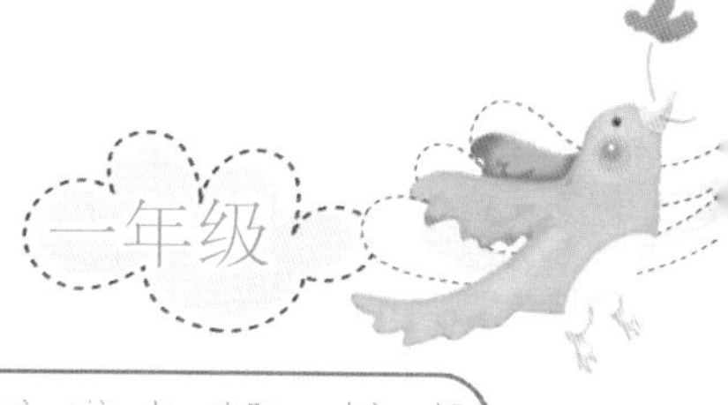

kù xiǎo bǎo hé méng xiǎo bèi hǎo bù róng yì xià le shān bù zhī
酷小宝和萌小贝好不容易下了山，不知
dào gāi wǎng nǎ lǐ qù yǎn kàn tài yáng kuài luò shān le kù xiǎo bǎo hé
道该往哪里去。眼看太阳快落山了，酷小宝和
méng xiǎo bèi yǒu xiē hài pà jīng jing hé líng ling cóng ěr duo li fēi chu
萌小贝有些害怕。晶晶和灵灵从耳朵里飞出
lai wèi tā men zhuàng dǎn
来为他们壮胆。

lán lán de yuè liang chū lái le kù xiǎo bǎo hé méng xiǎo bèi kàn
蓝蓝的月亮出来了，酷小宝和萌小贝看
zhe lán sè de yuè liang fēi cháng jīng qí zhèng qiǎo fā xiàn bù yuǎn chù
着蓝色的月亮，非常惊奇。正巧发现不远处
de huā cóng li yǒu yí zuò fáng zi jīng jing hé líng ling gào su tā men
的花丛里有一座房子。晶晶和灵灵告诉他们：
nà shì zōng xióng yì jiā tā men fēi cháng rè xīn kě yǐ qù jiè sù yì
那是棕熊一家，他们非常热心，可以去借宿一
wǎn
晚。

kù xiǎo bǎo hé méng xiǎo bèi qiāo qiao mén mén kāi le zōng xióng
酷小宝和萌小贝敲敲门，门开了，棕熊
xiān sheng rè xīn de bǎ tā men qǐng jìn le wū zōng xióng tài tai wèi tā
先生热心地把他们请进了屋。棕熊太太为他
men duān chū diǎn xin shuǐ guǒ hé yǐn liào zōng xióng jiā gè kě ài de
们端出点心、水果和饮料；棕熊家6个可爱的
xióng hái zi wéi zhe tā men xī nào kù xiǎo bǎo hé méng xiǎo bèi
熊孩子围着他们嬉闹……酷小宝和萌小贝
gǎn jué dào jiā yí yàng de wēn nuǎn
感觉到家一样的温暖。

zōng xióng xiān sheng hé zōng xióng tài tai shuō nǐ liǎ rú guǒ bù xián hái zi men chǎo jiù zhù xia lai ba

棕熊先生和棕熊太太说："你俩如果不嫌孩子们吵，就住下来吧！"

kù xiǎo bǎo hé méng xiǎo bèi hē hē xiào zhe shuō bù xián chǎo bù xián chǎo tā liǎ dōu shì cái suì de hái zi dāng rán shì yuè rè nao yuè hǎo hěn kuài tā men jiù hé gè xióng hái zi wán shú le

酷小宝和萌小贝呵呵笑着说："不嫌吵，不嫌吵！"他俩都是才7岁的孩子，当然是越热闹越好。很快他们就和6个熊孩子玩熟了。

zhèng wán de kāi xīn zōng xióng tài tai shuō hǎo le hái zi men kàn kan xiàn zài shì shén me shí jiān le

正玩得开心，棕熊太太说："好了，孩子们，看看现在是什么时间了？"

kù xiǎo bǎo hé méng xiǎo bèi kàn kan zhōng biǎo fā xiàn fēn zhēn zhǐ

酷小宝和萌小贝看看钟表，发现分针指

zhe shí zhēn zhǐ zhe
着12，时针指着7。

xióng hào shuō yā diǎn le zōng xióng xiān sheng hé zōng
熊1号说："呀！12点了！"棕熊先生和棕
xióng tài tai yáo yao tóu
熊太太摇摇头。

xióng hào mō mo nǎo mén bú què dìng de shuō diǎn fēn
熊2号摸摸脑门不确定地说："12点7分？"
zōng xióng xiān sheng hé zōng xióng tài tai yòu yáo yao tóu
棕熊先生和棕熊太太又摇摇头。

xióng hào bù hǎo yì si de xiào zhe wèn bú huì shì diǎn
熊3号不好意思地笑着问："不会是7点12
fēn ba zōng xióng xiān sheng hé zōng xióng tài tai zhǐ néng zài yáo yao
分吧？"棕熊先生和棕熊太太只能再摇摇
tóu
头。

kù xiǎo bǎo rěn bu zhù gěi tā men dǎ shǒu shì shēn chū liǎng zhī
酷小宝忍不住给他们打手势，伸出两只
shǒu gào su tā men diǎn le shéi zhī xióng hào xióng hào hé xióng
手，告诉他们7点了。谁知熊4号、熊5号和熊6
hào kàn dào kù xiǎo bǎo de shǒu shì xīng fèn de shuō diǎn fēn
号看到酷小宝的手势，兴奋地说："5点20分！"

kù xiǎo bǎo hé méng xiǎo bèi shùn jiān bèi jīng dào le
酷小宝和萌小贝瞬间被惊到了。

zōng xióng xiān sheng hé zōng xióng tài tai yě pū chī xiào le shuō
棕熊先生和棕熊太太也扑哧笑了，说：
zhè zhōng biǎo tài nán rèn le
"这钟表太难认了。"

酷小宝和萌小贝说愿意教6个熊孩子认钟表，熊先生和熊太太非常感激他们。

酷小宝让棕熊先生把钟表摘下来，学着他的数学老师的样子，告诉熊孩子们：钟表上这个粗短的指针叫时针，粗长的指针叫分针。分针指向12时，时针指着数字几，就是几时。比如现在，分针指着12，时针正好指着7，就是7时。

熊孩子们听了酷小宝的解释，一下子明白了，说：“哦！原来现在是7时呀。”

然后，酷小宝又分别把时针拨到1，2，…，11，熊孩子们都说对了时间。最后，酷小宝把时针拨到12，熊孩子们傻眼了。

酷小宝提醒他们：“想一想，刚刚我说

过什么？我说过分针指着12，时针指向几就是几时。看看，现在分针指着几呢？”

熊5号抢先回答：“指着12！”

熊2号也抢答：“我知道了！分针指着12，时针也指着12，就是12时！”

酷小宝和萌小贝表扬了熊2号，心想：这熊2号还真是很聪明呢！

然后，萌小贝接过钟表，把分针拨到6，把时针拨到12和1的正中间，告诉熊孩子们：“现在，我把分针拨到6，时针就会指在两个数字之间。时针超过了几，就是几时半。比如现在，超过了12，就是12时半。”

然后，萌小贝把时针拨到2和3的正中间，提问：“看看，现在是什么时间？”

xióng hào lì jí jǔ shǒu shuō wǒ zhī dào fēn zhēn zhǐ zhe
熊2号立即举手说："我知道！分针指着6，
shí zhēn zài hé de zhèng zhōng jiān chāo guò le shì shí bàn
时针在2和3的正中间，超过了2，是2时半。"

āi yō xióng èr zhēn cōng míng kù xiǎo bǎo hé méng xiǎo bèi
"哎哟！熊二真聪明！"酷小宝和萌小贝
qí shēng kuā xióng hào
齐声夸熊2号。

xióng hào lì jí fǎn bó wǒ bú jiào xióng èr jiào xióng hào
熊2号立即反驳："我不叫熊二，叫熊2号！"

kù xiǎo bǎo hé méng xiǎo bèi hā hā xiào zhe shuō zhī dào zhī
酷小宝和萌小贝哈哈笑着说："知道，知
dào nǐ shì xióng hào
道！你是熊2号。"

rán hòu tā men yòu tí wèn le suǒ yǒu de zhěng shí hé bàn shí
然后，他们又提问了所有的整时和半时，
xióng hái zi men hěn kuài jiù xué huì le
熊孩子们很快就学会了。

zōng xióng xiān sheng hé zōng xióng tài tai jiàn hái zi men xué de zhè
棕熊先生和棕熊太太见孩子们学得这
me kuài kāi xīn jí le gèng bǎ kù xiǎo bǎo hé méng xiǎo bèi dāng zūn
么快，开心极了，更把酷小宝和萌小贝当尊
guì de kè rén le
贵的客人了。

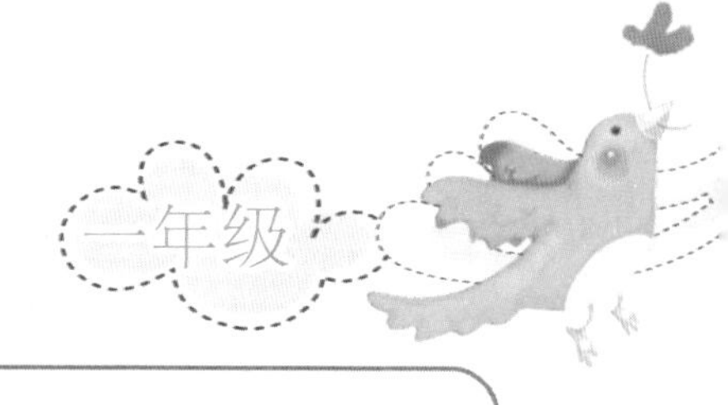

xióng hái zi men de wán jù wū
熊孩子们的玩具屋

kù xiǎo bǎo hé méng xiǎo bèi fēi cháng xǐ huan zōng xióng xiān sheng jiā jiù zàn shí zhù le xià lái

酷小宝和萌小贝非常喜欢棕熊先生家，就暂时住了下来。

zōng xióng xiān sheng gěi xióng hái zi men zhuān mén shè zhì le yóu xì wū zōng xióng xiān sheng yāo qiú hái zi men měi tiān bì xū zài yóu xì wū wán gòu gè xiǎo shí

棕熊先生给熊孩子们专门设置了游戏屋，棕熊先生要求孩子们每天必须在游戏屋玩够8个小时。

kù xiǎo bǎo hé méng xiǎo bèi xiǎng zōng xióng bà ba zhēn shì tài ài hái zi men le xióng hái zi men zhēn shì tài xìng fú le

酷小宝和萌小贝想：“棕熊爸爸真是太爱孩子们了，熊孩子们真是太幸福了！”

jīng jing hé líng ling zhī dào le kù xiǎo bǎo hé méng xiǎo bèi de xiǎng fǎ hòu xī xī xiào zhe shuō zài yóu xì wū li wán kě bú shì shén me xiǎng shòu de shì

晶晶和灵灵知道了酷小宝和萌小贝的想法后，嘻嘻笑着说：“在游戏屋里玩可不是什么享受的事。”

kù xiǎo bǎo hé méng xiǎo bèi fēi cháng yí huò zhí dào tā men péi

酷小宝和萌小贝非常疑惑，直到他们陪

xióng hái zi men dào le yóu xì wū cái míng bai xióng hái zi men bǐ tā
熊孩子们到了游戏屋，才明白熊孩子们比他

men shàng xué yào tòng kǔ duō le
们上学要痛苦多了。

xióng hào gēn yí gè quán jī shǒu wán ǒu wán quán jī shǒu shēn
熊1号跟一个拳击手玩偶玩，拳击手身

shang xiě zhe quán jī shǒu hǎn
上写着“9+( )”，拳击手喊：“9+1！”

xióng hào gǎn jǐn dá děng yú quán jī shǒu zhào zhe zì
熊1号赶紧答：“等于10！”拳击手照着自

jǐ de shēn tǐ pēng pēng dǎ le zì jǐ liǎng quán
己的身体，“砰砰”打了自己两拳。

rán hòu quán jī shǒu hǎn
然后，拳击手喊：“9+5！”

xióng hào kǒu li ńg ńg liǎng shēng méi dá shang lai
熊1号口里“嗯嗯”两声没答上来，

pēng de yì shēng bèi quán jī shǒu dǎ dǎo zài dì shang tòng de
“砰”的一声，被拳击手打倒在地上，痛得

xióng hào áo áo zhí jiào
熊1号“嗷嗷”直叫。

xióng hào gāng gāng zhàn qi lai quán jī shǒu yòu wèn
熊1号刚刚站起来，拳击手又问：“9+8！”

xióng hào zhǐ gù tòng le dāng rán hái shi xiǎng bu qǐ lái yòu
熊1号只顾痛了，当然还是想不起来，又

bèi zhòng zhòng de dǎ dǎo zài dì shang le
被重重地打倒在地上了。

xióng hào hé shēn shang xiě zhe de quán jī shǒu
熊2号和身上写着“8+( )”的拳击手

玩；熊3号和身上写着“7+(　)”的拳击手玩；熊4号和身上写着“6+(　)”的拳击手玩；熊5号和身上写着“5+(　)”的拳击手玩；熊6号和身上写着“4、3、2+(　)”的拳击手玩。虽然和6个熊孩子玩的拳击手不同，6个熊孩子同样都被连连打倒在地上。

酷小宝和萌小贝看得全身都痛啊！他们把6个熊孩子拉出游戏屋，要帮助6个熊孩子。

酷小宝和萌小贝让6个熊孩子坐成两排，轮流给他们上课。

酷小宝边画图边讲：“9个再加1个就是10个了，所以，请看图。我们用凑十法，把9凑成10，因为9＋1等于10，所以，9加几，我们从9加的那个数里减去1凑给9，剩下的是几，就等于

十几。比如9+2，我们从2里减去1凑给9后，剩下1，就变成了10+1，等于11。”

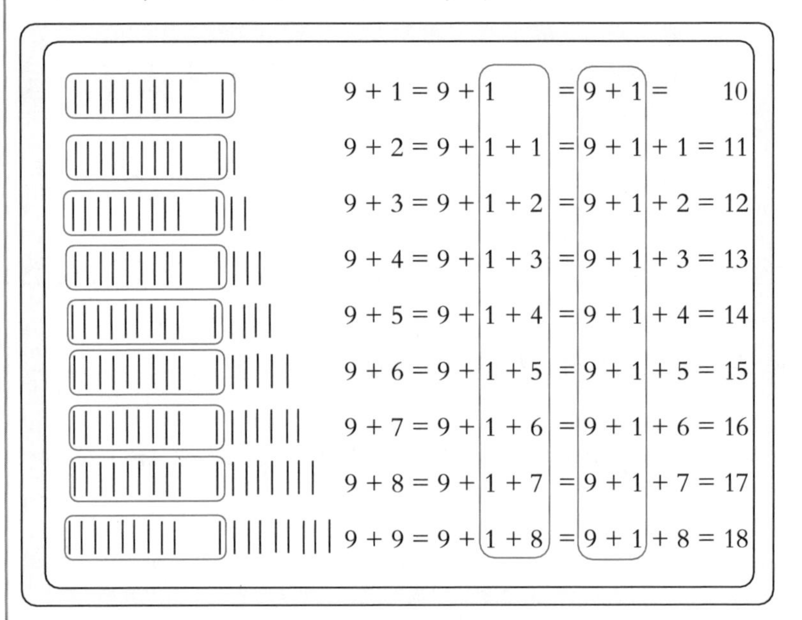

熊孩子们看了酷小宝的图，立即明白了，然后，酷小宝让他们抢答，他们都抢答得又对又快。

酷小宝和萌小贝带他们去游戏屋轮流和拳击手玩，结果，拳击手自己把自己打得躺

zài dì shang qǐ bu lái le kù xiǎo bǎo méng xiǎo bèi jīng jing hé líng
在地上起不来了。酷小宝、萌小贝、晶晶和灵
ling yì qǐ wèi tā men gǔ zhǎng
灵一起为他们鼓掌。

rán hòu méng xiǎo bèi gěi tā men jiǎng le de jìn wèi
然后，萌小贝给他们讲了8＋（ ）的进位
jiā fǎ tóng yàng shì còu shí fǎ cóng bèi jiā de shù li jiǎn qù
加法，同样是凑十法，从被加的数里减去2，
shèng jǐ jiù děng yú shí jǐ
剩几就等于十几。

rán hòu tā men wán duì huà yóu xì méng xiǎo bèi shuō
然后，他们玩“对话游戏”，萌小贝说：“8＋
xióng hái zi men jiù dá fēn chéng hé děng yú
5。”熊孩子们就答：“5分成2和3，等于13。”

méng xiǎo bèi shuō xióng hái zi men dá fēn
萌小贝说：“8＋7。”熊孩子们答：“7分
chéng hé děng yú
成2和5，等于15。”

……

bǎ liàn shú le tā men yòu lún liú gēn shēn shang xiě
把8＋（ ）练熟了，他们又轮流跟身上写
zhe de quán jī shǒu wán tóng yàng bǎ quán jī shǒu dǎ de
着“8＋（ ）”的拳击手玩，同样把拳击手打得
luò huā liú shuǐ líng ling gǔ zhǎng jīng jing kāi xīn de zài kōng zhōng fān
落花流水。灵灵鼓掌，晶晶开心地在空中翻
gēn tou
跟头。

接着，采用同样的办法，酷小宝和萌小贝轮流为熊孩子们讲了7加几、6加几的凑十法，并告诉熊孩子们：其实，7加几的进位加法只有4个，分别是7＋4，7＋5，7＋6，7＋7，分别凑给7一个3，也就是把另一个加数分成3和几，就等于十几。那么，7＋8，7＋9呢？他们的结果和8＋7，9＋7一样。

熊孩子们其实非常聪明，很快就掌握了规律。他们竟然不等酷小宝和萌小贝讲，就知道了“4、3、2+(　)”的进位加法其实就是把前面学过的反过来。比如：4＋8可以按8＋4来计算。

熊孩子们一个接一个地把几个拳击手打得躺在地上不能动弹了。棕熊先生和棕

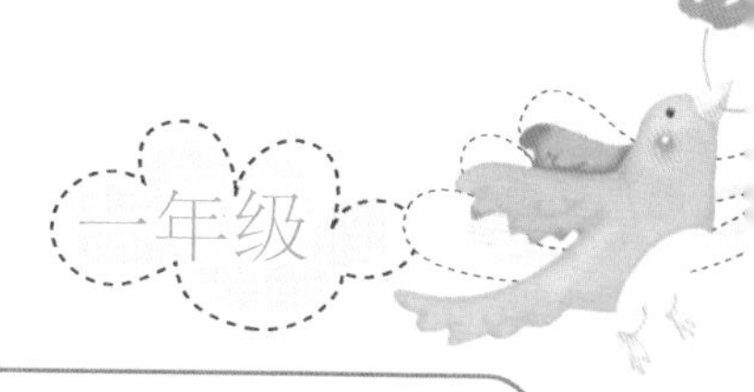

xióng tài tai kàn dào tǎng zài dì shang de jǐ gè quán jī shǒu wán ǒu wèi
熊太太看到躺在地上的几个拳击手玩偶，为

xióng hái zi men shù qǐ dà mǔ zhǐ bìng dā ying xióng hái zi men jiē xià
熊孩子们竖起大拇指，并答应熊孩子们接下

lái de yí gè yuè bú yòng zài jìn yóu xì wū kě yǐ gēn kù xiǎo bǎo hé
来的一个月不用再进游戏屋，可以跟酷小宝和

méng xiǎo bèi dào yě wài suí biàn wán
萌小贝到野外随便玩。

shù shang jiē mǎn le fēng mì táng guǒ
树上结满了蜂蜜糖果

dì èr tiān kù xiǎo bǎo hé méng xiǎo bèi dài zhe xióng hái zi men dào yě wài wánr
第二天，酷小宝和萌小贝带着熊孩子们到野外玩儿。

gè xióng hái zi pái chéng yì pái hǎn zhe kù xiǎo bǎo hé méng xiǎo bèi jiāo tā men de kǒu hào xiāng jiāo píng guǒ dà yā lí wǒ men zǒu de duō zhěng qí
6个熊孩子排成一排，喊着酷小宝和萌小贝教他们的口号："123，321；香蕉、苹果、大鸭梨；我们走得多整齐！"

méng xiǎo bèi zài páng biān dài duì kù xiǎo bǎo gēn zài duì wu hòu miàn áng shǒu tǐng xiōng zuò lǎo shī de gǎn jué zhēn bú cuò
萌小贝在旁边带队，酷小宝跟在队伍后面，昂首挺胸，做老师的感觉真不错！

xiāng jiāo píng guǒ dà yā lí
"123，321；香蕉、苹果、大鸭梨……"

pū tōng xióng hào jiǎo xià bèi bàn zhù shuāi dǎo le xióng hào pū tōng pā zài le xióng hào shēn shang xióng hào yā zài le xióng hào shēn shang zhī xióng yí gè yā yí gè dōu dǎo le
"扑通！"熊1号脚下被绊住，摔倒了。熊2号"扑通"趴在了熊1号身上，熊3号压在了熊2号身上……6只熊一个压一个，都倒了。

jīng jing hé líng ling kàn zhe yì zuǐ qiǎo kè lì ní de xióng hào
晶晶和灵灵看着一嘴巧克力泥的熊1号，
yì qǐ hǎn xióng hào shuāi le gè xióng kěn ní hǎn
一起喊："123，321；熊1号摔了个熊啃泥！"喊
wán hā hā dà xiào
完哈哈大笑。

kù xiǎo bǎo hé méng xiǎo bèi yě rěn bu zhù xiào le gè xióng hái
酷小宝和萌小贝也忍不住笑了。6个熊孩
zi zhàn qi lai xióng hào tiǎn tian zuǐ biān de qiǎo kè lì ní yàn dào
子站起来，熊1号舔舔嘴边的巧克力泥，咽到
dù zi li shuō ǹg ǹg chī diǎnr ní yǒu jìnr jì xù
肚子里，说："嗯嗯，吃点儿泥有劲儿！继续
zǒu
走。"

tā men yòu pái hǎo duì hǎn zhe kǒu hào xiàng qián zǒu zǒu dào yì
他们又排好队喊着口号向前走，走到一
kē zhǎng mǎn cǎi sè yè zi de dà shù xià zhōng yú tíng le xià lái
棵长满彩色叶子的大树下，终于停了下来。
zhè kē shù de yè zi zhēn hǎo kàn hóng sè lán sè lǜ sè zǐ
这棵树的叶子真好看，红色、蓝色、绿色、紫
sè chéng sè fěn sè gè zhǒng yán sè dōu yǒu huā huā lǜ
色、橙色、粉色……各种颜色都有，花花绿
lǜ dà de xiàng shǒu zhǎng nà me dà
绿，大的像手掌那么大。

kù xiǎo bǎo hé méng xiǎo bèi shuō jiē xià lái zán men wán diū
酷小宝和萌小贝说："接下来，咱们玩丢
shǒu juàn de yóu xì
手绢的游戏。"

shuō wán yóu xì guī zé kù xiǎo bǎo hé méng xiǎo bèi yǔ gè
说完游戏规则，酷小宝和萌小贝与6个

xióng hái zi zuò xià wéi chéng quān ràng xióng hào xiān diū jīng jing hé
熊孩子坐下，围成圈，让熊1号先丢。晶晶和

líng ling fēn bié zuò zài kù xiǎo bǎo hé méng xiǎo bèi de tóu dǐng shang
灵灵分别坐在酷小宝和萌小贝的头顶上。

xióng hào xiǎng méng xiǎo bèi yīng gāi pǎo bu kuài jiù bǎ shǒu juàn
熊1号想，萌小贝应该跑不快，就把手绢

diū zài le méng xiǎo bèi hòu miàn shéi zhī dào méng xiǎo bèi pǎo nà me
丢在了萌小贝后面。谁知道萌小贝跑那么

kuài xiàng zhèn fēng shì de liǎng bù jiù bǎ xióng hào gěi dǎi zhù le
快，像阵风似的，两步就把熊1号给逮住了。

xióng hào xū yào gěi dà jiā biǎo yǎn yí gè jié mù kě shì
熊1号需要给大家表演一个节目，可是，

tā shuō bú huì chàng gē yě bú huì tiào wǔ lái gè dào lì ba jié
他说不会唱歌，也不会跳舞。来个倒立吧，结

guǒ yí xià zi pā zài le dì shang nòng le yí gè dà huā liǎn rě
果，一下子趴在了地上，弄了一个大花脸，惹

de dà jiā hā hā xiào
得大家哈哈笑。

dà jiā wán lèi le yě è le yí zhèn fēng chuī lái dài lái
大家玩累了，也饿了。一阵风吹来，带来

yí zhèn fēi cháng xiāng tián de wèi dào gè xióng hái zi hé kù xiǎo
一阵非常香甜的味道。6个熊孩子和酷小

bǎo méng xiǎo bèi zhuī zhe xiāng wèi de fāng xiàng zǒu hā shì yì kē jiē
宝、萌小贝追着香味的方向走，哈，是一棵结

mǎn táng guǒ de shù dàn zǐ sè de shù yè tuō zhe bāo guǒ gè sè táng
满糖果的树！淡紫色的树叶，托着包裹各色糖

zhǐ de táng guǒ
纸的糖果。

jīng jing zhāi xià yì kē sòng gěi kù xiǎo bǎo líng ling zhāi xià yì kē
晶晶摘下一颗送给酷小宝，灵灵摘下一颗

sòng gěi méng xiǎo bèi tā liǎ dǎ kāi táng zhǐ lǐ miàn shì yí gè chéng
送给萌小贝。他俩打开糖纸，里面是一个橙

sè de yuán táng qiú fàng dào zuǐ li yǎo yí xià xiāng tián de fēng mì
色的圆糖球。放到嘴里咬一下，香甜的蜂蜜

liú le yì zuǐ zhēn shì tài hǎo chī le
流了一嘴，真是太好吃了。

xióng hái zi men kàn zhe kù xiǎo bǎo hé méng xiǎo bèi chī chán de
熊孩子们看着酷小宝和萌小贝吃，馋得

zhí liú kǒu shuǐ kù xiǎo bǎo hé méng xiǎo bèi ràng jīng jing hé líng ling zài
直流口水。酷小宝和萌小贝让晶晶和灵灵再

zhāi yì xiē
摘一些。

jīng jing hé líng ling zài shù shang zhāi xióng hái zi hé kù xiǎo
晶晶和灵灵在树上摘，熊孩子和酷小

bǎo méng xiǎo bèi zài dì shang jiǎn
宝、萌小贝在地上捡。

ò zhēn lèi jīng jing hé líng ling zhāi le yì xiē hòu
“哦—— 真累！”晶晶和灵灵摘了一些后，

fēi jìn kù xiǎo bǎo hé méng xiǎo bèi de ěr duo li shuō bù zhāi le
飞进酷小宝和萌小贝的耳朵里说，“不摘了！

yào shuì jiào la
要睡觉啦！”

xióng hào hé xióng hào bǎ jiǎn de fēng mì táng fàng dào le yī
熊1号和熊2号把捡的蜂蜜糖放到了衣

dài li xióng hào biān jiǎn biān chī
袋里，熊3、4、5、6号边捡边吃。

jiǎn wán le kù xiǎo bǎo hé méng xiǎo bèi shuō xióng hái zi
捡完了，酷小宝和萌小贝说：“熊孩子

men bǎ nǐ men jiǎn dào de fēng mì táng jiāo gěi wǒ wǒ lái gěi nǐ men
们，把你们捡到的蜂蜜糖交给我，我来给你们

fēn yi fēn
分一分。”

xióng hào shēn kāi shǒu yì kē yě méi yǒu kù xiǎo
熊3、4、5、6号伸开手，一颗也没有，酷小

bǎo shuō nǐ men gāng gāng dōu chī gòu le ba
宝说：“你们刚刚都吃够了吧？”

xióng hào hé xióng hào shēn kāi shǒu xióng hào shǒu li yǒu
熊1号和熊2号伸开手，熊1号手里有12

kē xióng hào shǒu li yǒu kē
颗，熊2号手里有18颗。

xióng hào shuō xióng hào duō děi gěi wǒ jǐ kē
熊1号说：“熊2号多，得给我几颗。”

kù xiǎo bǎo hé méng xiǎo bèi xiǎng chèn jī jiāo xióng hái zi men xué
酷小宝和萌小贝想趁机教熊孩子们学

xue shù xué biàn wèn nǐ men xiǎng xiang xióng hào gěi xióng hào
学数学，便问：“你们想想，熊2号给熊1号

jǐ kē fēng mì táng tā liǎ jiù huì tóng yàng duō huí dá duì le jiǎng lì
几颗蜂蜜糖他俩就会同样多？回答对了奖励

yì kē fēng mì táng
一颗蜂蜜糖！”

xióng hái zi men yì tīng yǒu jiǎng lì gǎn jǐn bāi zhe shǒu zhǐ tou
熊孩子们一听有奖励，赶紧掰着手指头

算开了，熊4号竟然坐下来脱了鞋数脚指头。

很快，熊1号说："18 − 12 = 6（颗），熊2号应该给我6颗蜂蜜糖。"

熊2号一听立即反对："不行！给你6颗，我就剩、剩——"

熊2号的脑子飞速旋转，从自己的蜂蜜糖里去掉6颗再一数："呀！那样的话，我就剩12颗了！你就有12 + 6 = 18（颗）了。"

熊1号一听也是，那样就成自己比熊2号多6颗了。

这时，熊2号灵机一动，他把多的6颗蜂蜜糖拿出来，说："哦——我明白了，多了6颗，我们俩一人一半，一人3颗就同样多了。"

酷小宝和萌小贝把还在傻傻数手指头的

xióng hào jiào guo lai ràng xióng hào hé xióng hào bǎ fēng
熊3、4、5、6号叫过来，让熊1号和熊2号把蜂

mì táng bǎi zài dì shang rán hòu fēn gěi tā men kàn xióng hái zi men
蜜糖摆在地上，然后分给他们看，熊孩子们

zhōng yú huǎng rán dà wù
终于恍然大悟。

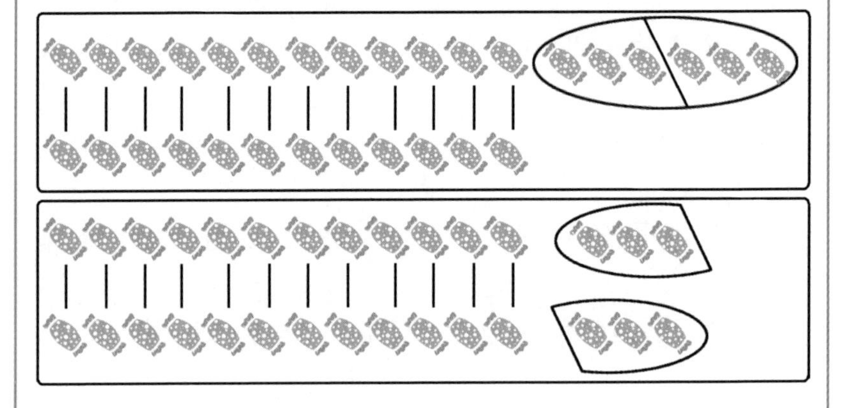

kù xiǎo bǎo hé méng xiǎo bèi gào su tā men zhè jiào yí duō
酷小宝和萌小贝告诉他们：“这叫‘移多

bǔ shǎo yào xiǎng tóng yàng duō zhǐ yào bǎ duō de yí bù fen ná chu
补少’，要想同样多，只要把多的一部分拿出

lai gěi liǎng gè shù gè fēn yí bàn jiù kě yǐ le
来，给两个数各分一半就可以了。”

rán hòu kù xiǎo bǎo hé méng xiǎo bèi fēn bié gěi tā men chū le yí
然后，酷小宝和萌小贝分别给他们出了一

dào yí duō bǔ shǎo de shù xué tí xióng hái zi men dōu dá duì le
道“移多补少”的数学题，熊孩子们都答对了，

jiù fēn bié gěi tā men fā le yì kē fēng mì táng kù xiǎo bǎo hé méng xiǎo
就分别给他们发了一颗蜂蜜糖。酷小宝和萌小

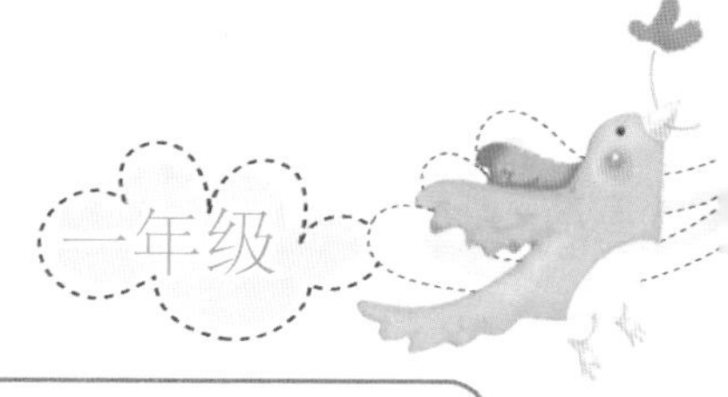

bèi gěi zōng xióng xiān sheng hé zōng xióng tài tai yě liú le jǐ kē fēng mì
贝给棕熊先生和棕熊太太也留了几颗蜂蜜

táng
糖。

买对翅膀飞上天

吃完蜂蜜糖，酷小宝和萌小贝带熊孩子们回家，同样排着队，喊着口号："123，321；香蕉、苹果、大鸭梨；我们排得多整齐！"

可是，他们走着走着迷路了，到底该往哪边走呢？酷小宝和萌小贝也犯了愁，喊晶晶、灵灵帮忙，喊了半天没动静，他们睡得太沉了。

唉！只能靠自己了。酷小宝和萌小贝努力回忆来时路边的景物，可是，都差不多，一路的花花草草。

他们瞎转悠，突然发现前面有座房子，

jiù zǒu shàng qián qù
就走上前去。

yuán lái shì gè xiǎo shāng diàn diàn mén shang xiě zhe yǒu chì bǎng chū shòu diàn zhǔ shì zhī bǐ kù xiǎo bǎo hái gāo de lǎo yīng
原来是个小商店，店门上写着：有翅膀出售。店主是只比酷小宝还高的老鹰。

kù xiǎo bǎo ràng méng xiǎo bèi kān zhe xióng hái zi men tā zì jǐ shàng qián xún wèn zūn jìng de yīng lǎo bǎn qǐng wèn nín zhè lǐ de chì bǎng zěn me mài
酷小宝让萌小贝看着熊孩子们，他自己上前询问：“尊敬的鹰老板，请问，您这里的翅膀怎么卖？”

yīng lǎo bǎn wēn hé de shuō yí duì chì bǎng yí dào shù xué tí jīn tiān yǒu huó dòng mǎi yī sòng yī
鹰老板温和地说：“一对翅膀一道数学题，今天有活动，买一送一。”

kù xiǎo bǎo yì tīng shù xué tí kāi xīn jí le shuō yīng lǎo bǎn wǒ yào mǎi duì chì bǎng
酷小宝一听数学题，开心极了，说：“鹰老板，我要买8对翅膀。”

yīng lǎo bǎn yì tīng lái le dà kè hù yě hěn gāo xìng
鹰老板一听来了大客户，也很高兴。

yīng lǎo bǎn ná chū dì yī dào tí
鹰老板拿出第一道题：

nǎ gēn shéng zi zuì cháng zài zuì cháng de xià miàn huà zài zuì duǎn de xià miàn huà
哪根绳子最长？在最长的下面画“√”，在最短的下面画“×”。

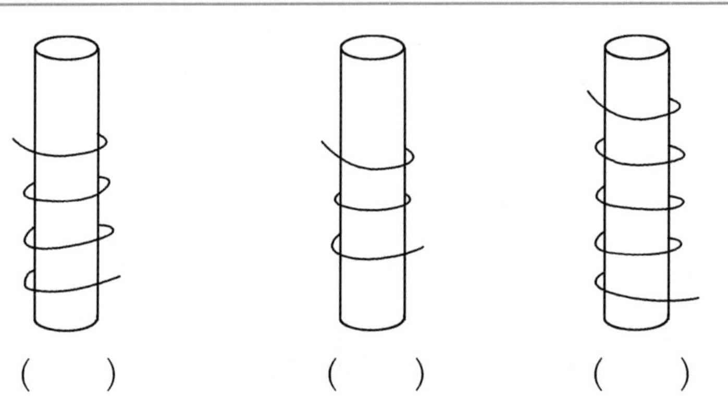

kù xiǎo bǎo kàn le kàn zhēn jiǎn dān shuō yào bǐ jiào shéng zi
酷小宝看了看，真简单，说：“要比较绳子

cháng duǎn jiù kàn shéi chán rào de quān shù duō quān shù duō de zuì cháng
长短，就看谁缠绕的圈数多，圈数多的最长。

suǒ yǐ dì gēn zuì cháng dì gēn zuì duǎn shuō wán tā zài dì
所以，第3根最长，第2根最短。”说完他在第3

gēn xià miàn huà le gè zài dì gēn xià miàn huà le gè
根下面画了个“√”，在第2根下面画了个“×”。

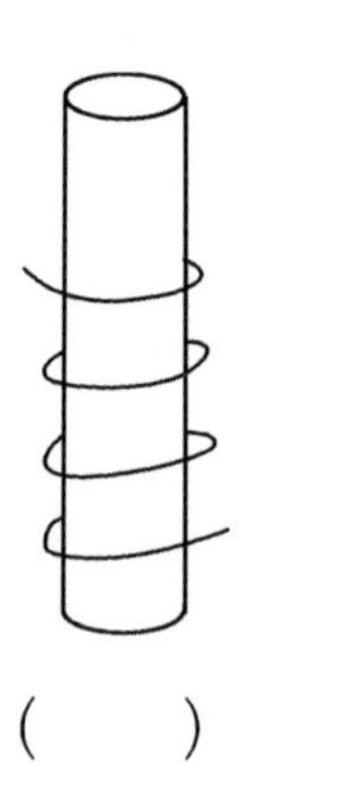

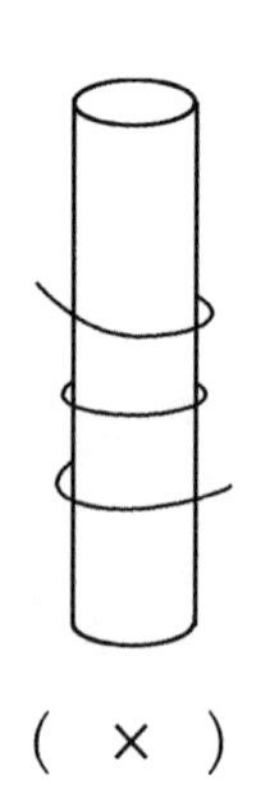

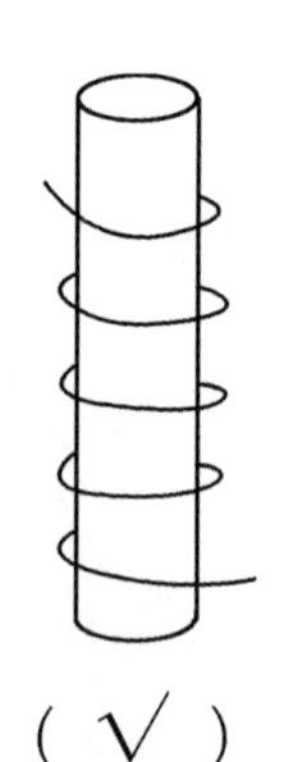

yīng lǎo bǎn tīng le kù xiǎo bǎo de jiě shì diǎn dian tóu ná chū
鹰老板听了酷小宝的解释，点点头，拿出

dì èr dào tí
第二道题：

nǎ yì bēi shuǐ zuì duō huà nǎ yì bēi shuǐ zuì shǎo
哪一杯水最多，画“△”；哪一杯水最少，
huà
画“□”。

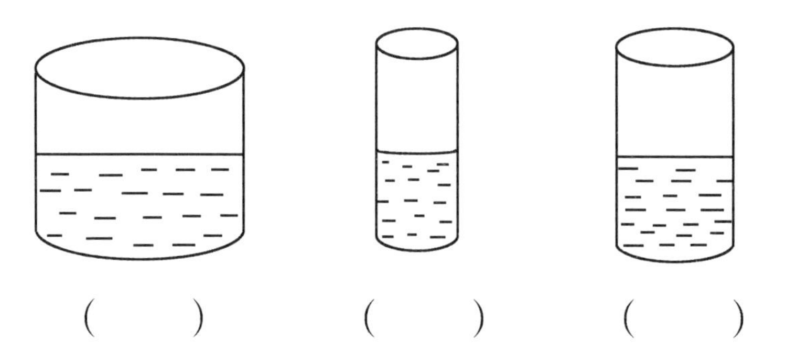

( ) ( ) ( )

kù xiǎo bǎo yòu yí zhèn huān xǐ shuō sān bēi shuǐ de shuǐ wèi
酷小宝又一阵欢喜，说：“三杯水的水位
shì yí yàng gāo de dàn dì yī gè bēi zi zuì cū suǒ yǐ shuǐ zuì
是一样高的，但第一个杯子最粗，所以，水最
duō dì èr gè bēi zi zuì xì suǒ yǐ shuǐ jiù zuì shǎo rán hòu
多；第二个杯子最细，所以水就最少。”然后，
tā zài dì yī gè bēi zi xià miàn huà le gè zài dì èr gè bēi
他在第一个杯子下面画了个“△”，在第二个杯
zi xià miàn huà le gè
子下面画了个“□”。

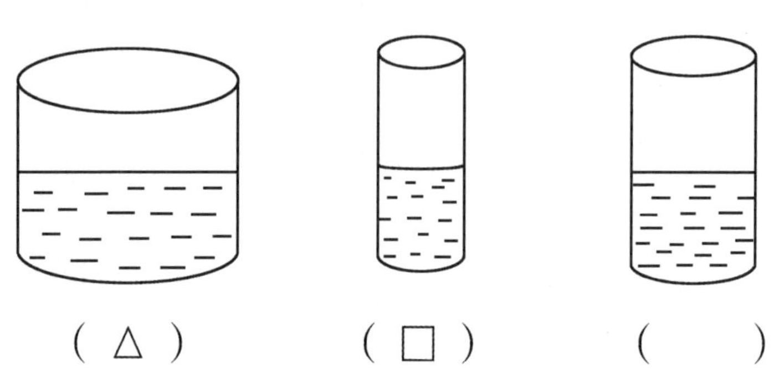

yīng lǎo bǎn ná chū dì sān dào tí
鹰老板拿出第三道题：

zài zuì zhòng de zhèng fāng tǐ shàng miàn huà
在最重的正方体上面画“√”。

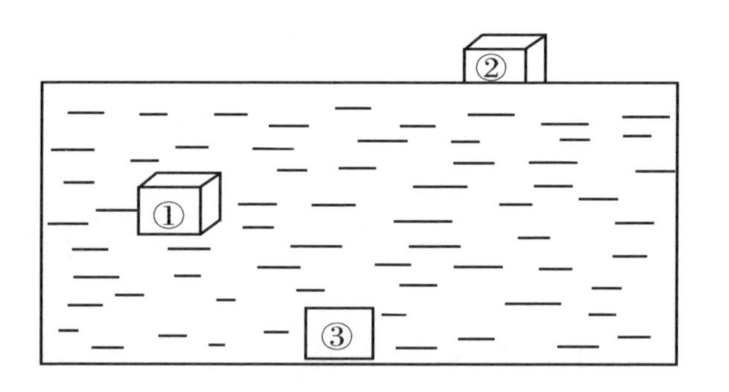

kù xiǎo bǎo xiǎng qǐ pí qiú zài shuǐ li huì fú qi lai ér tiě qiú huì chén dào shuǐ dǐ dāng shí mā ma gěi tā jiǎng mì dù zhì liàng
酷小宝想起皮球在水里会浮起来，而铁球会沉到水底，当时妈妈给他讲密度、质量，

tā yě méi tīng míng bai dàn shì kù xiǎo bǎo zhī dào zuì zhòng de zài shuǐ
他也没听明白。但是酷小宝知道最重的在水

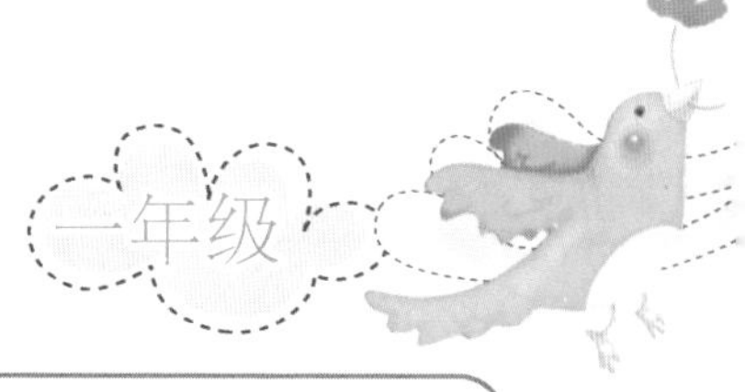

的最底下，于是说："3个正方体同样大，到水里后，重的会在下面。"他马上在第3个正方体上面画了个"√"。

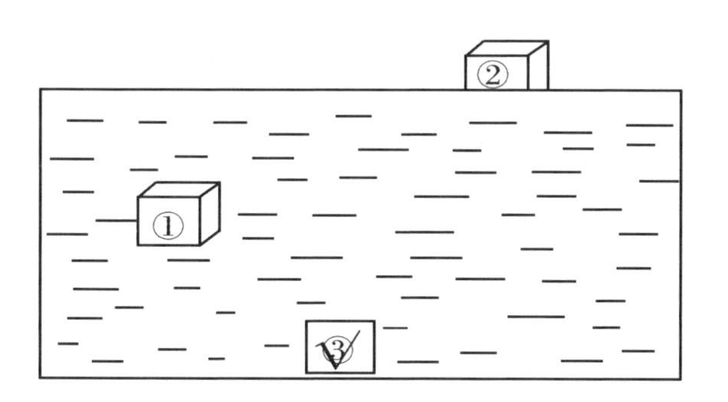

鹰老板连连夸赞酷小宝厉害，并拿出第四道题：

比高矮，在最高的下面画"○"，在最矮的下面画"☆"。

kù xiǎo bǎo kàn kan tí sān gè xiǎo péng yǒu zhàn zài lǐng jiǎng tái
酷小宝看看题，三个小朋友站在领奖台

shang tā jiě shì shuō tā men zhàn de gāo dù bù tóng tóu dǐng yòu
上，他解释说：“他们站的高度不同，头顶又

bù qí suǒ yǐ kě yǐ yòng shǔ gé zi de bàn fǎ bǐ jiào hào
不齐，所以，可以用数格子的办法比较。1号

dà yuē zhàn le gé bàn hào zhàn le gé hào kuài zhàn mǎn gé
大约占了1格半，2号占了2格，3号快占满3格

le suǒ yǐ hào zuì ǎi hào zuì gāo kù xiǎo bǎo zài hào xià
了，所以，1号最矮，3号最高。”酷小宝在1号下

miàn huà le gè zài hào xià miàn huà le gè
面画了个“☆”，在3号下面画了个“○”。

yīng lǎo bǎn kuā zàn kù xiǎo bǎo zhēn shì gè cōng míng yòu xì xīn
鹰老板夸赞酷小宝：“真是个聪明又细心

de hái zi hěn duō gù kè bú gòu rèn zhēn bú xì dú tí mù yǐ
的孩子！”很多顾客不够认真，不细读题目，以

wéi zhàn de gāo de jiù huà zhàn de ǎi de jiù huà bú
为站得高的就画“○”，站得矮的就画“☆”，不

àn yāo qiú zuò bǎ huì de tí gěi zuò cuò le
按要求做，把会的题给做错了。

yīng lǎo bǎn gěi kù xiǎo bǎo ná chū duì shuò dà de chì bǎng shuō
鹰老板给酷小宝拿出8对硕大的翅膀，说：

mǎi yī sòng yī nǐ dá duì le dào tí gěi nǐ duì chì bǎng
“买一送一！你答对了4道题，给你8对翅膀。”

kù xiǎo bǎo lián lián shuō xiè xie yīng lǎo bǎn xiè xie yīng lǎo bǎn
酷小宝连连说：“谢谢鹰老板！谢谢鹰老板！”

yīng lǎo bǎn rè xīn de gěi kù xiǎo bǎo tā men chuān shàng chì bǎng
鹰老板热心地给酷小宝他们穿上翅膀，
bìng gào su tā men chì bǎng huì xiàng zhǎng zài nǐ men shēn shang yí
并告诉他们："翅膀会像长在你们身上一
yàng láo gù dàn shì fēi lí dì miàn hòu zài luò xià chì bǎng jiù huì
样牢固，但是，飞离地面后再落下，翅膀就会
xiāo shī suǒ yǐ qǐng nǐ men zài dào jiā zhī qián bú yào jiàng luò
消失。所以，请你们在到家之前不要降落。"

kù xiǎo bǎo hé méng xiǎo bèi yì qǐ gǎn xiè yīng lǎo bǎn xióng hái
酷小宝和萌小贝一起感谢鹰老板，熊孩
zi men yě dǒng shì de gěi yīng lǎo bǎn jū le gè gōng shuō xiè xie
子们也懂事地给鹰老板鞠了个躬说："谢谢
yīng lǎo bǎn
鹰老板！"

hā hā wǒ fēi shàng tiān le kù xiǎo bǎo méng xiǎo bèi hé
"哈哈！我飞上天了！"酷小宝、萌小贝和6
gè xióng hái zi fēi shàng le tiān xīng fèn de dà hǎn dà jiào
个熊孩子飞上了天，兴奋地大喊大叫。

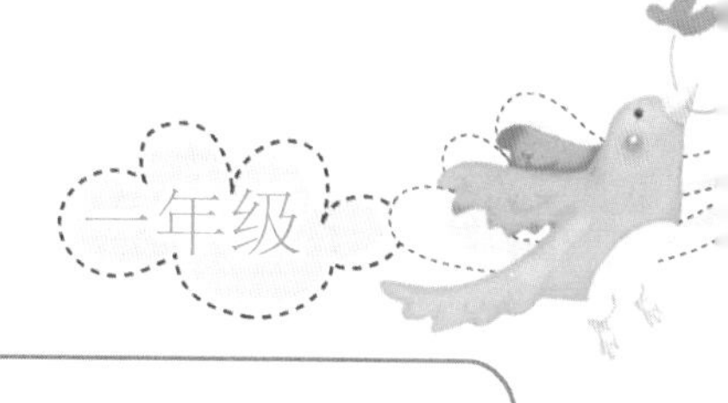

鱼儿鱼儿满天飞

酷小宝和萌小贝让熊孩子们排队飞行，他们想："飞得高，看得远，应该很快就能找到家的。"

熊孩子们边飞边唱："123，321；香蕉、苹果、大鸭梨；我们飞得多整齐！"

一缕缕颜色淡淡的风吹过他们的面颊。萌小贝说："酷小宝，鹰老板说不让随便降落，咱们就使劲往上飞吧。"他们往高处飞，飞到云层上面。哇！好多的鱼儿！鱼儿满天飞的天空，像海底世界。

"太好玩了！原来这里的鱼儿是生活在天

shàng de méng xiǎo bèi jīng jiào
上的！”萌小贝惊叫。

tā men pái liè zhe zhěng qí de duì wu méng xiǎo bèi zài zuì qián
他们排列着整齐的队伍，萌小贝在最前

miàn xióng hái zi men zài zhōng jiān kù xiǎo bǎo zài zuì hòu
面，熊孩子们在中间，酷小宝在最后。

gè zhǒng gè yàng sè cǎi xiān yàn de yúr zài dàn dàn de cǎi yún
各种各样色彩鲜艳的鱼儿在淡淡的彩云

jiān chuān suō tū rán yú qún luàn chéng yì tuán jīng huāng shī cuò de
间穿梭，突然，鱼群乱成一团，惊慌失措地

sì chù táo cuàn
四处逃窜。

bù hǎo shì dà shā yú méng xiǎo bèi kàn dào hǎo dà hǎo
“不好，是大鲨鱼！”萌小贝看到好大、好

dà de yì tiáo dà shā yú zhāng zhe dà zuǐ xiàng tā chōng guo lai duǒ
大的一条大鲨鱼张着大嘴向她冲过来，躲

shǎn bu jí méng xiǎo bèi xióng hái zi men lián tóng kù xiǎo bǎo yì tóu
闪不及，萌小贝、熊孩子们连同酷小宝，一头

chōng jìn le dà shā yú de dù zi li
冲进了大鲨鱼的肚子里。

dà shā yú dù zi li yí piàn qī hēi tā men hài pà jí le
大鲨鱼肚子里一片漆黑，他们害怕极了，

xióng hái zi men áo áo dà kū qi lai
熊孩子们嗷嗷大哭起来。

bié kū kù xiǎo bǎo shuō zài kū zán men jiù chū bu
“别哭！”酷小宝说，“再哭咱们就出不

qù le
去了！”

xióng hái zi men lì jí bì shàng le zuǐ ba
熊孩子们立即闭上了嘴巴。

jīng jing jīng jing kù xiǎo bǎo pāi pai ěr duo hǎn jīng jing
“晶晶！晶晶！”酷小宝拍拍耳朵喊晶晶。
méng xiǎo bèi yě pāi zhe ěr duo hǎn líng ling
萌小贝也拍着耳朵喊灵灵。

jīng jing shēn gè lǎn yāo lǎn yáng yáng de wèn zěn me le kù
晶晶伸个懒腰，懒洋洋地问：“怎么了，酷
xiǎo bǎo
小宝？”

kù xiǎo bǎo hǎn nǐ kuài diǎnr chū lái zán men bèi dà shā
酷小宝喊：“你快点儿出来！咱们被大鲨
yú tūn dào dù zi li le
鱼吞到肚子里了！”

jīng jing lì jí fēi le chū lái líng ling yě tīng dào le méng xiǎo
晶晶立即飞了出来，灵灵也听到了萌小
bèi de huà fēi chu lai le
贝的话飞出来了。

dàn shì tā men shéi dōu kàn bu dào shéi
但是，他们谁都看不到谁。

bā dā shā yú dù zi li yǒu le liàng guāng jīng jing
“吧嗒——”鲨鱼肚子里有了亮光，晶晶
shuō xìng kuī wǒ hái yǒu diǎnr néng lì guāng guāng shì cóng jīng
说：“幸亏我还有点儿能力光。”光是从晶
jing de tóu dǐng fā chū de
晶的头顶发出的。

tā men shān dòng zhe chì bǎng tíng liú zài shā yú dù zi li de
他们扇动着翅膀，停留在鲨鱼肚子里的

上空。鲨鱼肚子底部是滚滚翻动的消化液，晶晶和灵灵说：“如果沾上那些消化液，就会被消化液化成水。”

大家心里都充满了恐惧，这时，熊4号突然指着鲨鱼肚子上面说：“你们快看！上面有扇门！”

“哦，天哪！”酷小宝和萌小贝惊呼，“是谁在鲨鱼肚子上方开了扇门？”

大家向上飞，围着门，认真寻找门的把手。

萌小贝说：“我找到了，这是一扇密码门。”

酷小宝凑上前，俩人一起读题：把0，1，2，3，4，5，6，7，8，9这10个数字填在□里，每个数字只能用一次。

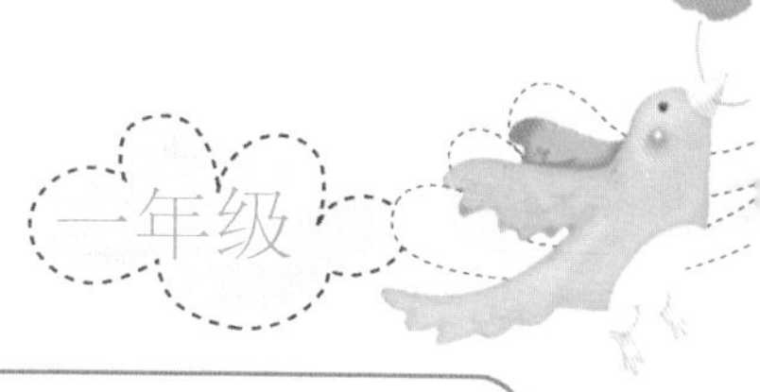

□ + □ = □ + □ = □ + □ = □ + □ = □ + □

熊孩子们一看，傻眼了，齐声问：“这是什么呀？这么长一串，我都看晕了。”

酷小宝和萌小贝调皮地一笑，说：“咱们得救了！”

熊孩子们对晶晶、灵灵说：“赶紧说说怎么回事！”

萌小贝说：“这次让我来说吧。这里有10个数字，5个加号，4个等号，就是说，让我们把这10个数字两个两个地相加，而且，相加的和都相等。”

熊孩子们问：“这么复杂，怎么才能让它们的和相等呢？”

萌小贝说：“我们可以把最大的数字9和

zuì xiǎo de shù zì xiāng jiā rán hòu bǎ dì èr dà de shù zì hé
最小的数字0相加，然后，把第二大的数字8和

dì èr xiǎo de shù zì xiāng jiā
第二小的数字1相加……”

méng xiǎo bèi shuō zhe cóng yī fu kǒu dai li ná chū shuǐ jīng bǐ
萌小贝说着，从衣服口袋里拿出水晶笔，

bǎ shù zì tián shàng le
把数字填上了。

$\boxed{9}+\boxed{0}=\boxed{8}+\boxed{1}=\boxed{7}+\boxed{2}=\boxed{6}+\boxed{3}=\boxed{5}+\boxed{4}$

méng xiǎo bèi gāng gāng tián wán mén kā chā yì shēng dǎ kāi le
萌小贝刚刚填完，门“咔嚓”一声打开了。

wū méng xiǎo bèi dì yī gè chōng chu qu jiē zhe shì
“呜——”萌小贝第一个冲出去，接着是

gè xióng hái zi kù xiǎo bǎo tā men xīng fèn de hǎn zhe jiào zhe
6个熊孩子、酷小宝。他们兴奋地喊着、叫着，

zài tiān kōng zhōng biǎo yǎn zhe huā yàng fēi xíng jīng jing hé líng ling ne
在天空中表演着花样飞行。晶晶和灵灵呢？

hā hā yǐ jīng zuān dào kù xiǎo bǎo hé méng xiǎo bèi de ěr duo li qù
哈哈，已经钻到酷小宝和萌小贝的耳朵里去

le
了。

dà shā yú ne mì mǎ mén yǐ jīng guān bì zhāng zhe dà zuǐ qù
大鲨鱼呢？密码门已经关闭，张着大嘴去

zhuō shí xiǎo yú xiā le
捉食小鱼虾了。

jiè sù mǎ yǐ bīn guǎn

借宿蚂蚁宾馆

kù xiǎo bǎo tā men zài tiān shàng wán de kāi xīn wàng jì le tā
酷小宝他们在天上玩得开心，忘记了他
men fēi qi lai shì yào huí jiā de tū rán xióng hào wǔ zhe dù
们飞起来是要回家的。突然，熊6号捂着肚
zi áo áo jiào dù zi téng
子“嗷嗷”叫肚子疼。

méng xiǎo bèi fàng màn fēi xíng kù xiǎo bǎo máng guān xīn de wèn
萌小贝放慢飞行，酷小宝忙关心地问
xióng hào zěn me huí shì shì bu shì gāng gāng fēng mì táng chī tài
熊6号：“怎么回事？是不是刚刚蜂蜜糖吃太
duō le
多了？”

xióng hào yáo yao tóu rěn zhe tòng kǔ cóng zuǐ li tǔ chū jǐ gè
熊6号摇摇头，忍着痛苦从嘴里吐出几个
zì bù bú shì shì wǒ wǒ xiǎng lā
字：“不…… 不是…… 是我…… 我想拉……
lā dà biàn
拉大便……”

kù xiǎo bǎo shuō le shēng á xià miàn de huà hái méi shuō chu
酷小宝说了声“啊”，下面的话还没说出
lai zhǐ jiàn xióng hào pì gu yì niǔ pū de yì shēng kù
来，只见熊6号屁股一扭，“噗——”的一声裤

zi liè kāi le yí gè dà kǒu zi yí gè chòu pì jiā zhe dà biàn pēn le
子裂开了一个大口子，一个臭屁夹着大便喷了

kù xiǎo bǎo yì shēn
酷小宝一身。

méng xiǎo bèi hé lìng wài gè xióng hái zi kàn zhe xióng hào hé
萌小贝和另外5个熊孩子看着熊6号和

kù xiǎo bǎo de láng bèi mú yàng rěn bu zhù hā hā dà xiào
酷小宝的狼狈模样，忍不住哈哈大笑。

kù xiǎo bǎo qì de jī li guā lā luàn jiào kàn dào dì shang
酷小宝气得“叽里呱啦”乱叫，看到地上

yǒu gè lán yíng yíng de hú jí sù jiàng luò dào hú biān
有个蓝莹莹的湖，急速降落到湖边。

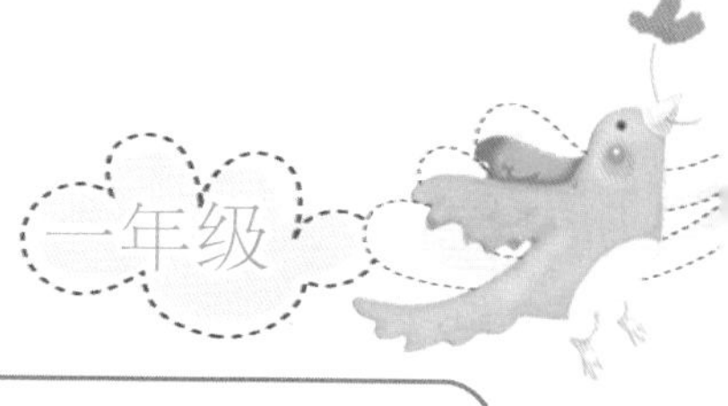

méng xiǎo bèi hé gè xióng hái zi yě gēn zhe jiàng luò xia lai
萌小贝和6个熊孩子也跟着降落下来。
tā men wàng le yīng lǎo bǎn dīng zhǔ tā men bù néng suí biàn jiàng luò de
他们忘了，鹰老板叮嘱他们不能随便降落的。
zài tā men luò dì de shùn jiān shēn shang de chì bǎng biàn xiāo shī le
在他们落地的瞬间，身上的翅膀便消失了。

kù xiǎo bǎo pā zài hú biān yòng lì de xǐ zhe liǎn hèn bu de
酷小宝趴在湖边，用力地洗着脸，恨不得
bǎ pí xǐ diào yì céng
把皮洗掉一层。

xióng hào pǎo dào yí gè jiào yuǎn de dì fang dūn xia lai xǐ shēn
熊6号跑到一个较远的地方，蹲下来洗身
shang de dà biàn liǎng zhī xióng zhǎng wǔ zhe pì gu huá jī de pǎo le
上的大便，两只熊掌捂着屁股，滑稽地跑了
huí lái
回来。

dà jiā kàn dào xióng hào rěn bu zhù yòu xiào le
大家看到熊6号忍不住又笑了。

kù xiǎo bǎo shuō hng hng nǐ men zěn me jiù nà me gāo xìng
酷小宝说：“哼！哼！你们怎么就那么高兴
a zán men gāi zěn me huí jiā ne xiǎng xiang ba
啊？咱们该怎么回家呢？想想吧！”

méng xiǎo bèi hé xióng hái zi men lì jí tíng zhǐ le xiào jīng jing
萌小贝和熊孩子们立即停止了笑。晶晶
hé líng ling ne zhèng duǒ zài kù xiǎo bǎo hé méng xiǎo bèi de ěr duo li
和灵灵呢，正躲在酷小宝和萌小贝的耳朵里
tōu xiào ne
偷笑呢。

酷小宝说："刚刚我们在天上疯玩，也不知道现在在哪里了。眼看天要黑了，怎么办呢？"

晶晶和灵灵飞出来，飞到上空查看了一下，飞下来说："前面不远处有个蚂蚁宾馆，我们借宿一夜，明天再赶路吧。"

没办法，酷小宝和萌小贝只好带着熊孩子们去蚂蚁宾馆。

这蚂蚁宾馆真的是蚂蚁开的，但这些蚂蚁却非常巨大，都像酷小宝那样高。他们一只只穿着工作服，非常认真的样子。

酷小宝走到前台，说："您好，我们想在贵店住一晚。"

前台服务员说："没问题，请您办理住店手续。"

酷小宝正不知所措时，服务员拿出一张单子递过来。

酷小宝一看，不禁乐了："哈哈，忘了这里是数学城，一切都和数学有关。这题还能难得住我？"

题是这样的：在□里填上合适的数字。

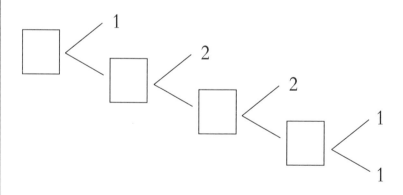

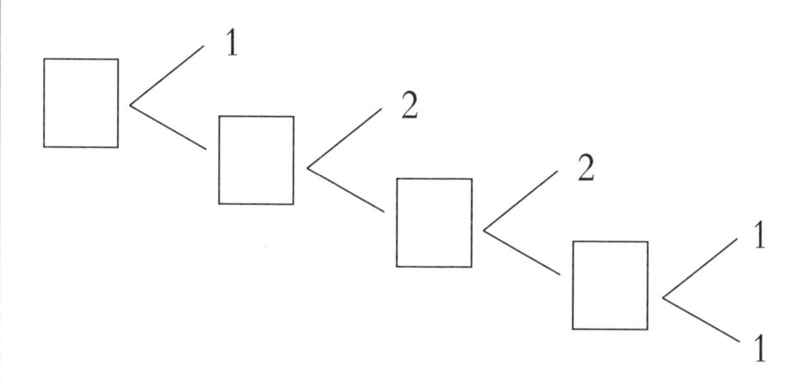

酷小宝把熊孩子们叫到跟前，拿出水晶笔，一边讲解一边填写答案："这样的题，需要倒着推理。我们先看最后面，能分成1和1的是2，所以，最后一个□里填2；然后，能分成

liǎng gè de shì néng fēn chéng hé de shì néng fēn chéng hé
两个2的是4，能分成2和4的是6，能分成1和

de shì zhè yàng suǒ yǒu de jiù dōu tián hǎo le zài zhèng zhe
6的是7。这样，所有的□就都填好了，再正着

jiǎn chá yí biàn shì fǒu zhèng què
检查一遍是否正确。”

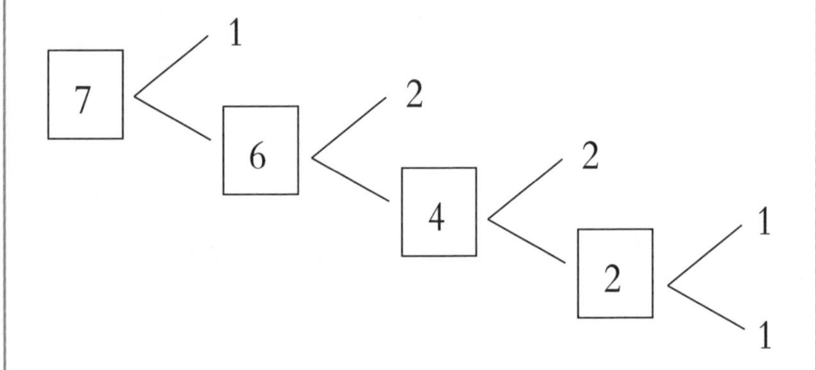

méng xiǎo bèi jì xù gěi xióng hái zi men jiǎng jiě wǒ men lái
萌小贝继续给熊孩子们讲解：“我们来

jiǎn chá yí biàn kù xiǎo bǎo de dá àn shì fǒu zhèng què néng fēn chéng
检查一遍酷小宝的答案是否正确。7能分成1

hé néng fēn chéng hé néng fēn chéng hé zuì hòu
和6，6能分成2和4，4能分成2和2，最后，2

néng fēn chéng hé zhèng què
能分成1和1。正确！”

kù xiǎo bǎo bǎ wán chéng de tí dì gěi fú wù yuán fú wù yuán
酷小宝把完成的题递给服务员，服务员

kàn hòu wēi xiào zhe shuō huān yíng nín rù zhù běn diàn
看后微笑着说：“欢迎您入住本店！”

yào zhù zǒng tǒng tào fáng

要住总统套房

kù xiǎo bǎo gǎn jué yǒu xiē è le wèn fú wù yuán qǐng wèn
酷小宝感觉有些饿了，问服务员：“请问，
guì diàn tí gōng wǎn cān ma
贵店提供晚餐吗？”

fú wù yuán wēi xiào zhe dá tí gōng lìng wài běn diàn hái yǒu
服务员微笑着答：“提供。另外，本店还有
fú wù zuì quán miàn de zǒng tǒng tào fáng ne
服务最全面的总统套房呢。”

zǒng tǒng tào fáng kù xiǎo bǎo hé méng xiǎo bèi tīng le dōu
“总统？套房？”酷小宝和萌小贝听了都
jīng xǐ de zhāng dà le zuǐ ba
惊喜地张大了嘴巴。

duì fú wù yuán wēi wēi yí xiào bú guò shōu fèi yǒu diǎnr
“对！”服务员微微一笑，“不过，收费有点
gāo
儿高。”

wǒ men yào zhù kù xiǎo bǎo hé méng xiǎo bèi yì kǒu tóng shēng
“我们要住！”酷小宝和萌小贝异口同声
de dá
地答。

fú wù yuán dǎ le gè diàn huà yì zhī chuān zhe xī fú de mǎ
服务员打了个电话，一只穿着西服的蚂

蚁走过来，微笑着给酷小宝鞠了个躬，说：“您好！我是这里的经理。请您到我们的VIP贵宾室办理入住手续。”

“哇！”酷小宝和萌小贝心里乐开了花，没想到，这点儿数学知识能让他们享受到贵宾待遇。

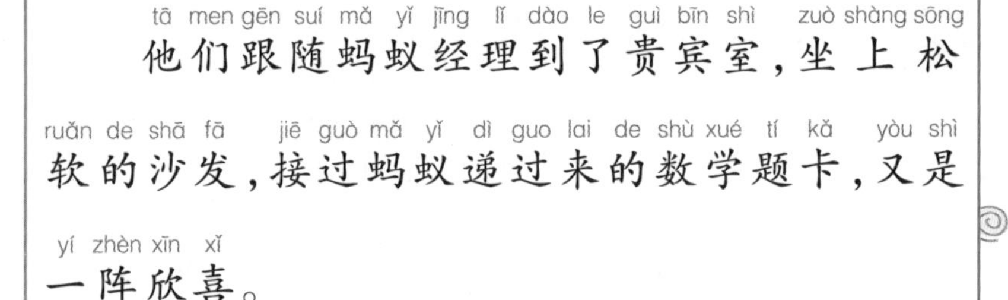

他们跟随蚂蚁经理到了贵宾室，坐上松软的沙发，接过蚂蚁递过来的数学题卡，又是一阵欣喜。

1. 蚂蚁公主去游乐园玩，和大家一起排队买票。蚂蚁公主说：我的前面有6个人，后面有4个人。请问：排队买票的一共有多少人？

2. 蚂蚁王子参加射击比赛，他说：从前面数，我排第5，从后面数，我排第3。请问：一

共有多少人参加射击比赛？

3. 一个队伍里有9个男生，每两个男生中间插入一个女生。这个队伍一共有几人？

酷小宝和萌小贝看了一遍题目，说："是有点儿难度，但对我们来说小菜一碟！"

他们把熊孩子们叫到身边，给熊孩子们讲解分析。第一题中，蚂蚁公主前面有6个人，后面有4个人，这前面和后面的人中都不包括蚂蚁公主，所以，一共有6 + 1 + 4 = 11(人)。画个图更清晰。"说完，酷小宝掏出水晶笔画了个图。熊孩子们看了图连连点头。

萌小贝接着讲第二题："从前面数，蚂蚁王子排第5，这前面的5个人，包括了蚂蚁王子。从后面数，蚂蚁王子排第3，这3个人中，

也包括了蚂蚁王子。蚂蚁王子算了两次，应该减去1。所以，一共有5＋3－1＝7（人）。同样，画个图更简单。”说完，她从衣服口袋里掏出水晶笔画了个图。

酷小宝说：“我来接着讲第三题吧。其实这道题并不复杂，9个男生中间一共可以插入9－1＝8（个）女生。那么，这个队伍一共有9＋8＝17(人)。”说完，酷小宝也画了个图。

1. 蚂蚁公主去游乐园玩，和大家一起排队买票。蚂蚁公主说：我的前面有6个人，后面有4个人。请问：排队买票的一共有多少人？

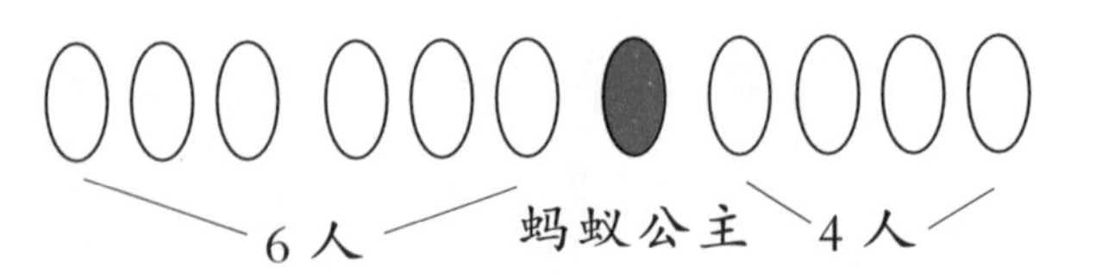

rén
$6+1+4=11$（人）

dá pái duì mǎi piào de yí gòng yǒu rén
答：排队买票的一共有11人。

mǎ yǐ wáng zǐ cān jiā shè jī bǐ sài tā shuō cóng qián miàn shǔ wǒ pái dì cóng hòu miàn shǔ wǒ pái dì qǐng wèn yí gòng yǒu duō shao rén cān jiā shè jī bǐ sài
2. 蚂蚁王子参加射击比赛，他说：从前面数，我排第5，从后面数，我排第3。请问：一共有多少人参加射击比赛？

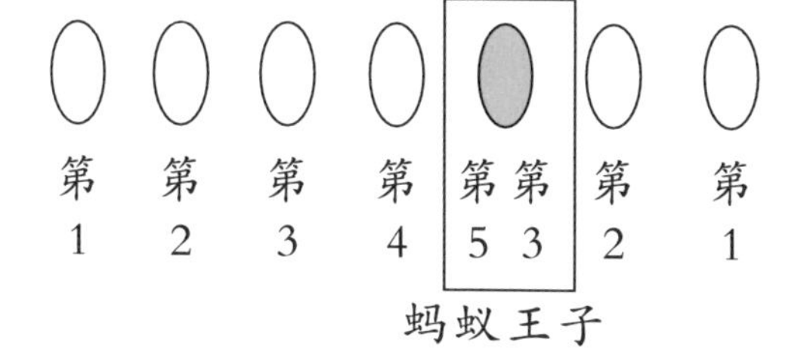

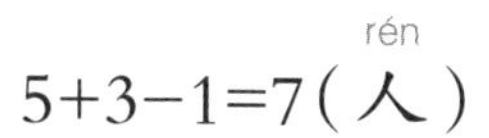

dá yí gòng yǒu rén cān jiā shè jī bǐ sài
答：一共有7人参加射击比赛。

yí gè duì wu li yǒu gè nán shēng měi liǎng gè nán shēng zhōng jiān chā rù yí gè nǚ shēng zhè ge duì wu yí gòng yǒu jǐ rén
3. 一个队伍里有9个男生，每两个男生中间插入一个女生。这个队伍一共有几人？

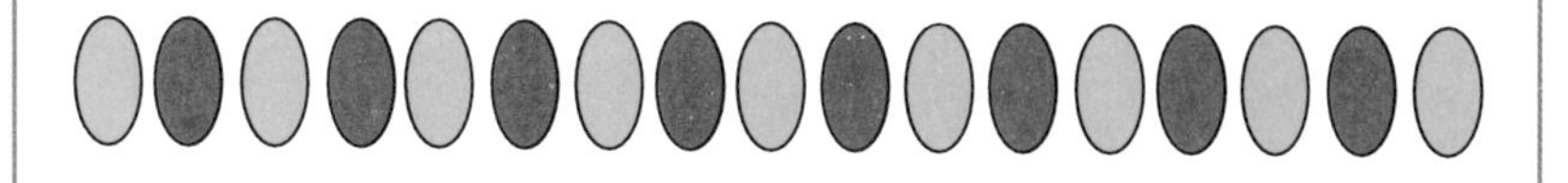

rén rén

9−1=8(人),9+8=17(人)

dá zhè ge duì wu yí gòng yǒu rén

答:这个队伍一共有17人。

kù xiǎo bǎo bǎ xiě zhe dá àn bìng huà zhe tú de tí kǎ dì gěi

酷小宝把写着答案并画着图的题卡递给

mǎ yǐ jīng lǐ hòu mǎ yǐ jīng lǐ rèn zhēn kàn le yí biàn fēi cháng jī

蚂蚁经理后,蚂蚁经理认真看了一遍,非常激

dòng de zhàn qi lai gōng jìng de shuō qǐng nín hé nín de huǒ bàn rù

动地站起来,恭敬地说:“请您和您的伙伴入

zhù zǒng tǒng tào fáng wǒ men huì wèi nín tí gōng zuì quán miàn zuì yōu

住总统套房。我们会为您提供最全面、最优

zhì de fú wù

质的服务!”

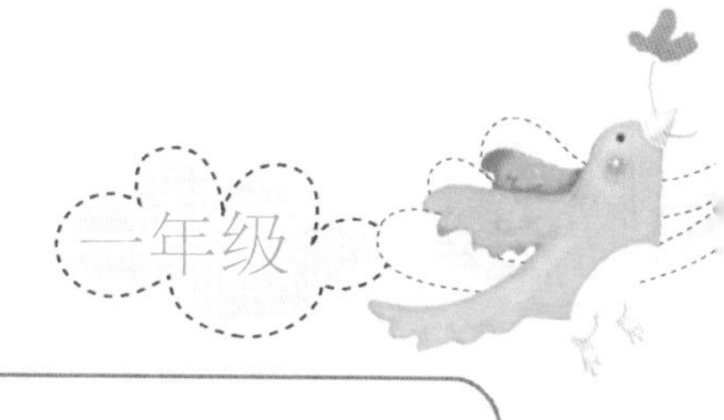

huá jī de mǎ yǐ gē wǔ sān rén zǔ

滑稽的“蚂蚁歌舞三人组”

kù xiǎo bǎo méng xiǎo bèi hé xióng hái zi men zài mǎ yǐ jīng lǐ
酷小宝、萌小贝和熊孩子们在蚂蚁经理
de qīn zì dài lǐng xià dào le zǒng tǒng tào fáng guǒ rán bú shì yì bān
的亲自带领下到了总统套房，果然不是一般
de háo huá
地豪华。

kù xiǎo bǎo tā men diǎn le jù shuō shì bīn guǎn zuì hǎo chī de diǎn
酷小宝他们点了据说是宾馆最好吃的点
xin hé zuì hǎo hē de yǐn liào kě shì chī hē le zhè me duō tiān tián
心和最好喝的饮料。可是，吃喝了这么多天甜
shí zhēn de fēi cháng xiǎng niàn xián wèi de shí wù
食，真的非常想念咸味的食物。

chī le liǎng kǒu jué de bù hǎo chī wèn shì fǒu yǒu xián wèi de shí
吃了两口觉得不好吃，问是否有咸味的食
wù fú wù yuán gào su tā men yǒu lái zì qí tā shì jiè de shí wù
物，服务员告诉他们有来自其他世界的食物。

qí tā shì jiè kù xiǎo bǎo hé méng xiǎo bèi xiǎng nán dào shì
其他世界？酷小宝和萌小贝想：“难道是
nà ge wǒ men de shì jiè
那个我们的世界？”

diǎn le zài shuō fú wù yuán shuō shāo děng bìng jiào le mǎ yǐ
点了再说！服务员说稍等，并叫了“蚂蚁

歌舞三人组”来给他们跳舞取乐。

“蚂蚁歌舞三人组”一走进房间，酷小宝他们就乐了。原来是三位蚂蚁先生，他们穿着滑稽的小丑服饰，轮流用左边的三只脚和右边的三只脚走路，并变着鬼脸。他们边跳边唱：“谁说蚂蚁不会跳舞？谁说蚂蚁不会唱歌？来看看我们‘蚂蚁歌舞三人组’，保你看了乐呵呵！”其中一位蚂蚁先生，在跳踢踏舞时，竟然还把一只靴子给踢飞了，乐得酷小宝他们都不感觉饿了，萌小贝捂着两腮直喊：“哎哟，哎哟，我的腮呀！”

熊孩子们乐得四脚朝天躺在地上直扑腾。

酷小宝笑得肚子疼，说：“哈哈，我的肚

zi hā hā wǒ shòu bu liǎo le
子…… 哈哈，我受不了了。”

jīng jing hé líng ling zuò zài kù xiǎo bǎo hé méng xiǎo bèi de ěr duo
晶晶和灵灵坐在酷小宝和萌小贝的耳朵

shang xiào de chà diǎnr shuāi xia qu
上，笑得差点儿摔下去。

zhōng yú mǎ yǐ gē wǔ sān rén zǔ yǎn chū wán bì zǒu dào
终于，“蚂蚁歌舞三人组”演出完毕，走到

kù xiǎo bǎo miàn qián jū le gè gōng shuō zūn guì de xiān sheng gěi
酷小宝面前鞠了个躬说：“尊贵的先生，给

diǎnr xiǎo fèi ba
点儿小费吧！”

ǎ kù xiǎo bǎo hé méng xiǎo bèi jīng yà de zhāng dà
“啊——”酷小宝和萌小贝惊讶地张大

le zuǐ ba
了嘴巴。

děng qí zhōng yí wèi mǎ yǐ xiān sheng dì gěi kù xiǎo bǎo yì zhāng
等其中一位蚂蚁先生递给酷小宝一张

xiě zhe shù xué tí de zhǐ shí kù xiǎo bǎo cái míng bai ò shì
写着数学题的纸时，酷小宝才明白：哦——是

yào shù xué tí dá àn a
要数学题答案啊！

kù xiǎo bǎo xùn sù kàn tí gāng yào jiě dá bèi méng xiǎo bèi
酷小宝迅速看题，刚要解答，被萌小贝

qiǎng le guò qù
抢了过去。

méng xiǎo bèi shuō nǐ kě shì fēng guāng le bù shǎo cì le
萌小贝说：“你可是风光了不少次了。

zhè cì gāi lún dào wǒ le
这次该轮到我了！”

méng xiǎo bèi kàn le kàn tí mǎ shàng yǒu le dá àn
萌小贝看了看题，马上有了答案。

tí shì zhè yàng de tiáo pí de mǎ yǐ gōng zhǔ hé mǎ yǐ wáng zǐ zhàn dào yí liè shì bīng duì wu li mǎ yǐ gōng zhǔ pái zài dì mǎ yǐ wáng zǐ pái zài dì mǎ yǐ gōng zhǔ hé mǎ yǐ wáng zǐ zhōng jiān yǒu jǐ míng shì bīng
题是这样的：调皮的蚂蚁公主和蚂蚁王子站到一列士兵队伍里，蚂蚁公主排在第8，蚂蚁王子排在第14。蚂蚁公主和蚂蚁王子中间有几名士兵？

méng xiǎo bèi shuō yù dào zhè yàng de tí kě yǐ cǎi yòng shǔ yi shǔ de bàn fǎ lái jiě jué dì hé dì zhōng jiān yǒu dì dì dì dì dì yí gòng yǒu míng shì bīng
萌小贝说：“遇到这样的题，可以采用‘数一数’的办法来解决。第8和第14中间有第9、第10、第11、第12、第13，一共有5名士兵。”

mǎ yǐ gē wǔ sān rén zǔ de sān wèi mǎ yǐ xiān sheng diǎn dian tóu
“蚂蚁歌舞三人组”的三位蚂蚁先生点点头。

méng xiǎo bèi jiē zhe shuō yě kě yǐ yòng huà yi huà de bàn fǎ lái jiě dá rán hòu tā cóng yī fu kǒu dài li tāo chū shuǐ jīng bǐ huà le huà
萌小贝接着说：“也可以用‘画一画’的办法来解答。”然后，她从衣服口袋里掏出水晶笔画了画。

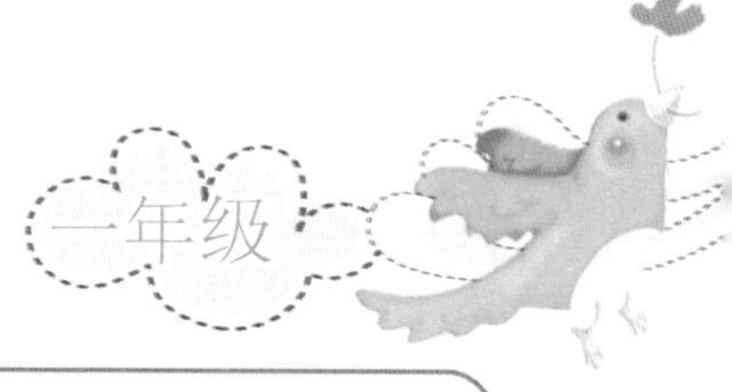

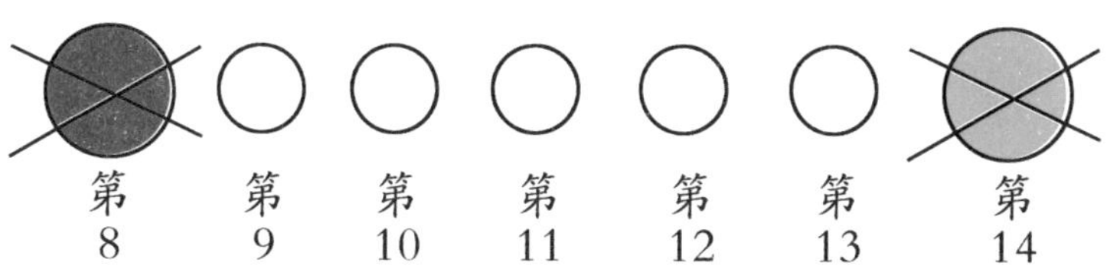

“蚂蚁歌舞三人组”的三位蚂蚁先生看了图，更是满脸喜悦地连连点头。

萌小贝说：“当然，也可以列算式计算。14 − 8 − 1 = 5（名）。”

听完萌小贝的解析，“蚂蚁歌舞三人组”的三位蚂蚁先生朝萌小贝鞠了个躬，说：“谢谢！非常感谢您的精彩解说！”

三位蚂蚁先生一歪一扭地离开了，出门前回头做了个鬼脸，这才正儿八经地走路。

正好，酷小宝他们点的晚餐来了。一大排服务员，每人端一个精致的盘子，盘子上盖

zhe yí gè jīng měi de gài zi
着一个精美的盖子。

yì pán pán de bǎi fàng hǎo zhī hòu fú wù yuán men bǎ gài zi yí
一盘盘地摆放好之后，服务员们把盖子一

gè gè dǎ kāi kàn dào pán zi li de cài shí kù xiǎo bǎo hé méng xiǎo
个个打开。看到盘子里的菜时，酷小宝和萌小

bèi jiào dào á bú huì ba
贝叫道：“啊？不会吧？”

jīng jing hé líng ling xī xī xiào dào hā hā shì nǐ men shì jiè
晶晶和灵灵嘻嘻笑道：“哈哈，是你们世界

de měi shí
的美食！”

shì shén me měi shí ne chǎo hú luó bo sī dùn dà bái cài chǎo
是什么美食呢？炒胡萝卜丝、炖大白菜、炒

qié zi kuài xī hóng shì chǎo jī dàn mù ěr dùn xiāng gū gè fèn
茄子块、西红柿炒鸡蛋、木耳炖香菇各8份。

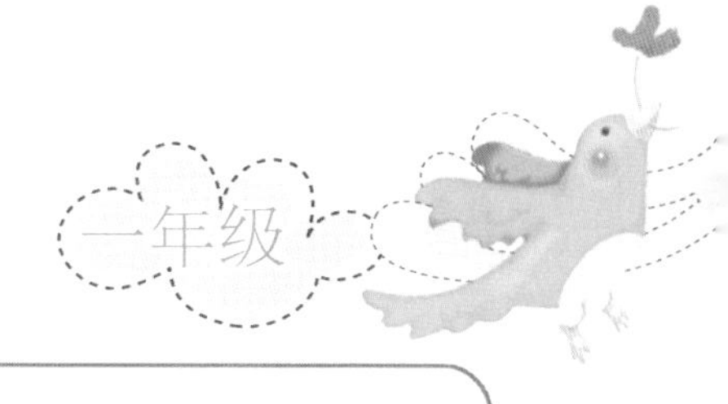

xiǎo fèi yào bu tíng

小费要不停

kàn dào zhè xiē cài gè xióng hái zi yǎn jing yí liàng pā zài
看到这些菜，6个熊孩子眼睛一亮，趴在
zhuō shang yì kǒu qì bǎ zì jǐ nà fèn chī de yì gān èr jìng chī wán
桌上，一口气把自己那份吃得一干二净。吃完
hòu xióng hái zi men mō zhe dù zi yí fù hǎo xiǎng shòu de yàng zi
后，熊孩子们摸着肚子，一副好享受的样子，
dǎ gè bǎo gé shuō tài hǎo chī le
打个饱嗝，说：“太好吃了！”

kù xiǎo bǎo hé méng xiǎo bèi zài yì biān chī jīng de kàn zhe jīng
酷小宝和萌小贝在一边吃惊地看着，晶
jing hé líng ling tí xǐng tā men kàn xióng hái zi men chī de duō xiāng
晶和灵灵提醒他们：“看熊孩子们吃得多香
a nǐ men yě cháng chang a
啊，你们也尝尝啊！”

kù xiǎo bǎo hé méng xiǎo bèi xiān chī le kuài xī hóng shì chǎo jī dàn
酷小宝和萌小贝先吃了块西红柿炒鸡蛋
li de jī dàn shuō āi yā zhēn de hěn hǎo chī ya chī le zhè
里的鸡蛋，说：“哎呀！真的很好吃呀！”吃了这
me duō tián shí hǎo xiǎng niàn zhè zhǒng xián xián de wèi dào rán hòu zài
么多甜食，好想念这种咸咸的味道。然后再
jiù zhe mán tou qù chī qí tā de cài měi yàng dōu nà me hǎo chī
就着馒头去吃其他的菜，每样都那么好吃。

kù xiǎo bǎo hé méng xiǎo bèi chī de bǎo bǎo de méng xiǎo bèi jiē
酷小宝和萌小贝吃得饱饱的，萌小贝接
guò fú wù yuán dì shang lai de zhǐ jīn cā ca zuǐ shuō hā hā
过服务员递上来的纸巾，擦擦嘴说：“哈哈，
wǒ men xiǎng shòu zhe zǒng tǒng tào fáng de dài yù què chī zhe lù biān xiǎo
我们享受着总统套房的待遇，却吃着路边小
cān guǎn de shí wù
餐馆的食物。”

kù xiǎo bǎo cā ca zuǐ wèn qǐng wèn gāng gāng zhè dùn wǎn cān
酷小宝擦擦嘴问：“请问，刚刚这顿晚餐
shì nǎ wèi chú shī zuò de
是哪位厨师做的？”

fú wù yuán wēi xiào dá dào shì tù zi hào xiān sheng a
服务员微笑答道：“是兔子1号先生啊！”

tù zi hào kù xiǎo
“兔子1号？”酷小
bǎo hé méng xiǎo bèi yì kǒu
宝和萌小贝异口
tóng shēng de wèn
同声地问。

fú wù yuán shuō
服务员说：
duì ya yě zhǐ yǒu tù
“对呀，也只有兔
zi hào xiān sheng huì zuò
子1号先生会做
zhè zhǒng měi shí
这种美食！”

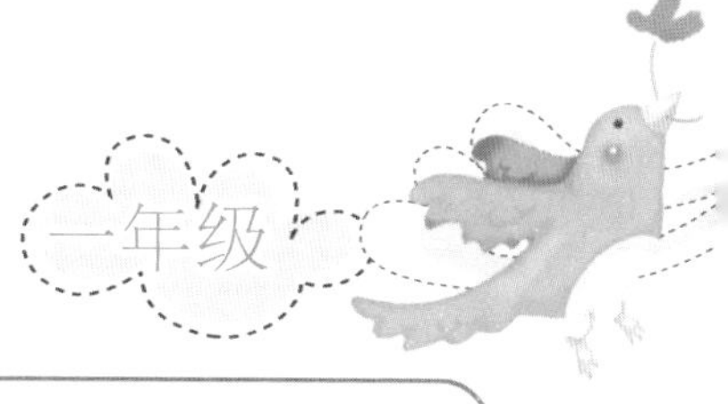

tā xiàn zài zài zhè lǐ ma wǒ men yào jiàn tā kù xiǎo bǎo
“他现在在这里吗?我们要见他!”酷小宝

hé méng xiǎo bèi xiǎng huò xǔ jiàn dào tù zi hào tā men jiù kě
和萌小贝想，或许，见到兔子1号，他们就可

yǐ huí jiā le
以回家了。

fú wù yuán yáo yao tóu shuō bú zài tā shì yí gè xíng zōng
服务员摇摇头说：“不在。他是一个行踪

bú dìng de rén shuō bu dìng huì qù nǎ lǐ zhè xiē měi shí dōu shì
不定的人，说不定会去哪里。这些美食，都是

tā tí qián zuò hǎo le fàng zài bǎo xiān fáng li de
他提前做好了放在保鲜房里的。”

zhè yàng a kù xiǎo bǎo hé méng xiǎo bèi shī wàng de shuō
“这样啊!”酷小宝和萌小贝失望地说。

fú wù yuán wēi wēi xiào zhe shuō qǐng wèn nín hái yǒu shén me
服务员微微笑着说：“请问，您还有什么

xū yào bāng zhù de ma qí tā fú wù yuán bǎ pán zi wǎn kuài shōu
需要帮助的吗?”其他服务员把盘子、碗筷收

shi wán bì hòu cóng yī fu kǒu dai li tāo chū yì zhāng tí kǎ dì gěi
拾完毕后，从衣服口袋里掏出一张题卡递给

kù xiǎo bǎo shuō xiān sheng gěi diǎnr xiǎo fèi bei
酷小宝，说：“先生，给点儿小费呗。”

xiǎo fèi kù xiǎo bǎo kàn le kàn tí kǎ shang de shù xué tí
“小费?”酷小宝看了看题卡上的数学题，

xīn xiǎng hā hā zhè ge xiǎo fèi wǒ hěn lè yì gěi
心想：哈哈，这个小费我很乐意给。

shù xué tí shì zhè yàng de
数学题是这样的：

1. 兔先生有30块糖，先吃了6块，又吃了8块。一共吃了多少块？

2. 一根绳子长20米，第一次用去5米，第二次用去3米。这根绳子一共少了多少米？

3. 小红有4颗蜂蜜糖、9颗巧克力糖，小丽有10颗巧克力糖。小红一共有几颗糖？

酷小宝说：“其实这些题非常简单，只是题里面有个多余的条件。我们只要找到解决问题所需要的条件，没用的条件可以不用理会。”

蚂蚁服务员点点头，说：“对！我以前怎么没想到呢？只想着所有条件都要用上。”

酷小宝指着第一题说：“你看问题：一共吃了多少块？那么，我们就看看一共吃了多少块。先吃了6块，又吃了8块，两次吃的数量之

hé jiù shì yí gòng chī de suǒ yǐ tù xiān sheng yǒu kuài táng
和，就是一共吃的。所以，‘兔先生有30块糖’
zhè ge tiáo jiàn shì duō yú de
这个条件是多余的。”

kù xiǎo bǎo yì biān gěi mǎ yǐ fú wù yuán fēn xī yì biān ná
酷小宝一边给蚂蚁服务员分析，一边拿
shuǐ jīng bǐ zài tí kǎ shàng miàn xiě dá àn kuài
水晶笔在题卡上面写答案：6 + 8 = 14（块）。
dá yí gòng chī le kuài
答：一共吃了14块。

mǎ yǐ fú wù yuán kāi xīn de diǎn tóu shuō wǒ míng bai le
蚂蚁服务员开心地点头，说：“我明白了！”

kù xiǎo bǎo jiē zhe jiǎng dì èr tí zhè tí yě yí yàng wèn
酷小宝接着讲第二题：“这题也一样。问
tí shì zhè gēn shéng zi yí gòng shǎo le duō shao mǐ nà me wǒ
题是‘这根绳子一共少了多少米？’，那么我
men jiù kàn shéng zi shì zěn me shǎo de dì yī cì yòng qù mǐ shǎo
们就看绳子是怎么少的。第一次用去5米，少
le mǐ dì èr cì yòng qù mǐ yòu shǎo le mǐ liǎng cì yòng
了5米。第二次用去3米，又少了3米，两次用
qù de hé jiù shì yí gòng shǎo de mǐ shù suǒ yǐ bú lùn shéng zi
去的和，就是一共少的米数。所以，不论绳子
yuán lái yǒu duō cháng dōu shì duō yú de tiáo jiàn yòng bu dào
原来有多长，都是多余的条件，用不到。”

kù xiǎo bǎo shuō wán zài tí kǎ shang xiě chū dá àn
酷小宝说完，在题卡上写出答案：5 + 3 =
mǐ dá yí gòng shǎo le mǐ
8（米）。答：一共少了8米。

mǎ yǐ fú wù yuán xīng fèn de shuō wǒ zhī dào dì sān tí de
蚂蚁服务员兴奋地说：“我知道第三题的
dá àn le
答案了！”

kù xiǎo bǎo shù qǐ dà mǔ zhǐ shuō shuō shuo kàn
酷小宝竖起大拇指说：“说说看。”

mǎ yǐ fú wù yuán shuō wèn tí shì xiǎo hóng yí gòng yǒu jǐ
蚂蚁服务员说：“问题是‘小红一共有几
kē táng jiù zhǎo hé wèn tí xiāng guān de tiáo jiàn yǒu liǎng gè
颗糖？’，就找和问题相关的条件，有两个：
kē fēng mì táng kē qiǎo kè lì táng xiǎo lì yǒu kē qiǎo kè
4颗蜂蜜糖、9颗巧克力糖。‘小丽有10颗巧克
lì táng shì duō yú de tiáo jiàn yīn wèi bù guǎn xiǎo lì yǒu jǐ kē
力糖’是多余的条件，因为，不管小丽有几颗
táng dōu bú shì xiǎo hóng de
糖，都不是小红的。”

kù xiǎo bǎo diǎn dian tóu bǎ shuǐ jīng bǐ dì gěi mǎ yǐ fú wù yuán
酷小宝点点头，把水晶笔递给蚂蚁服务员，
mǎ yǐ fú wù yuán jiē guò shuǐ jīng bǐ xiě xià le dá àn
蚂蚁服务员接过水晶笔，写下了答案：

kē dá xiǎo hóng yí gòng yǒu kē táng
4 + 9 = 13（颗）。答：小红一共有13颗糖。

zhēn cōng míng tīng le kù xiǎo bǎo de kuā jiǎng mǎ yǐ fú
“真聪明！”听了酷小宝的夸奖，蚂蚁服
wù yuán de liǎn hóng hóng de hā hā tā bú shì bù hǎo yì si shì
务员的脸红红的。哈哈，他不是不好意思，是
tài jī dòng la
太激动啦。

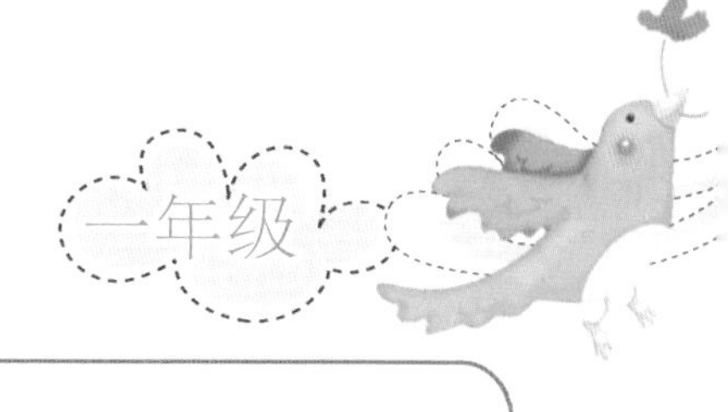

dì dòng li de mì mǎ mén

地洞里的密码门

kù xiǎo bǎo gěi mǎ yǐ fú wù yuán jiǎng tí tài tóu rù le mǎ yǐ
酷小宝给蚂蚁服务员讲题太投入了，蚂蚁
fú wù yuán zǒu hòu kù xiǎo bǎo cái fā xiàn méng xiǎo bèi hé xióng hái
服务员走后，酷小宝才发现，萌小贝和熊孩
zi men yǐ jīng huí wò fáng shuì jiào le
子们已经回卧房睡觉了。

kù xiǎo bǎo tǎng zài chuáng shang fān lái fù qù shuì bu zháo
酷小宝躺在床上，翻来覆去睡不着。

yì zhī yáng liǎng zhī yáng sān zhī yáng mā ma céng
“一只羊，两只羊，三只羊……”妈妈曾
gào su tā shuì bu zháo shí kě yǐ shǔ yáng shǔ a shǔ yě bù zhī
告诉他，睡不着时可以数羊，数啊数，也不知
dào shǔ dào jǐ zhī yáng kù xiǎo bǎo zhōng yú shuì zháo le
道数到几只羊，酷小宝终于睡着了。

mèng li kù xiǎo bǎo gǎn zhe yáng qún fàng yáng cǎo dì hǎo ruǎn
梦里，酷小宝赶着羊群放羊，草地好软，
yáng yōu xián de chī cǎo tā tǎng zài cǎo dì shang kàn lán lán de tiān
羊悠闲地吃草，他躺在草地上看蓝蓝的天。

pū tōng yì shēng cǎo dì shang chū xiàn yí gè dà dòng kù
“扑通”一声，草地上出现一个大洞，酷
xiǎo bǎo diào le xià qù
小宝掉了下去。

dòng li hēi qī qī de kù xiǎo bǎo gǎn jǐn hǎn jīng jing jīng jing
洞里黑漆漆的，酷小宝赶紧喊晶晶。晶晶
chū lái wèi kù xiǎo bǎo zhào míng jīng jing shuō kù xiǎo bǎo nǐ kàn
出来为酷小宝照明，晶晶说：“酷小宝，你看，
zhè lǐ yǒu yí dào mén
这里有一道门。”

huì shì chū kǒu ma kù xiǎo bǎo cā ca mén shang de chén tǔ
“会是出口吗？”酷小宝擦擦门上的尘土。

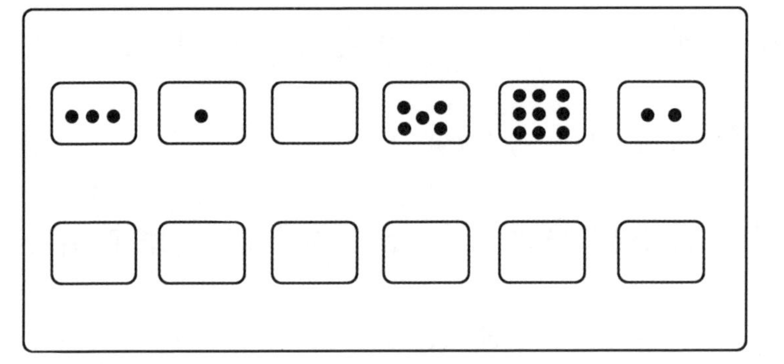

zhè shì shén me ne jīng jing wèn
“这是什么呢？”晶晶问。

kù xiǎo bǎo sī kǎo le piàn kè shuō yīng gāi shì ràng bǎ shàng
酷小宝思考了片刻，说：“应该是让把上
miàn dài biǎo de shù zì tián dào xià miàn
面代表的数字填到下面。”

kù xiǎo bǎo ná chū shuǐ jīng bǐ biān shuō biān xiě gè yuán diǎn
酷小宝拿出水晶笔，边说边写：“3个圆点
dài biǎo gè yuán diǎn dài biǎo
代表3，1个圆点代表1。”

dì gè lǐ miàn shén me dōu méi yǒu zěn me xiě jīng jing wèn
“第3个里面什么都没有，怎么写？”晶晶问。

kù xiǎo bǎo shuō yí gè dōu méi yǒu jiù shì nǐ bié xiǎo
酷小宝说："一个都没有，就是0。你别小
kàn zhè ge tā kě shì yí gè yǒu gù shi de shù zì
看这个0，它可是一个有故事的数字。"

gù shi jīng jing fēi cháng hào qí shuō lái tīng ting
"故事？"晶晶非常好奇，"说来听听！"

kù xiǎo bǎo shuō yì qiān duō nián qián ōu zhōu rén yòng de shì
酷小宝说："一千多年前，欧洲人用的是
luó mǎ shù zì yīn wèi rén men de rì cháng shēng huó zhōng yòng bu dào
罗马数字。因为人们的日常生活中用不到
suǒ yǐ méi yǒu zhè ge shù zì luó mǎ dì guó de yí wèi xué zhě
0，所以没有0这个数字。罗马帝国的一位学者
zài yìn dù jì shù fǎ li fā xiàn le bìng tuī guǎng gěi dà zhòng luó
在印度计数法里发现了0，并推广给大众。罗

mǎ jiào huáng zhī dào hòu fēi cháng nǎo nù xià lìng bǎ xué zhě zhuā le qǐ
马教皇知道后非常恼怒，下令把学者抓了起
lái bìng duì xué zhě shǐ yòng le fēi cháng cán kù de xíng fá ràng tā
来，并对学者使用了非常残酷的刑罚，让他
zài yě bù néng xiě zì yě bèi jìn zhǐ shǐ yòng dàn shì shù xué jiā
再也不能写字，0也被禁止使用。但是，数学家
men zài yán jiū shù xué shí hái shi mì mì de shǐ yòng zhè ge shù zì
们在研究数学时还是秘密地使用0这个数字，
bìng yòng zhè ge shù zì zuò chū le hěn duō shù xué shang de gòng xiàn
并用0这个数字做出了很多数学上的贡献。
zuì zhōng bèi guǎng fàn de yìng yòng luó mǎ shù zì yě bèi wǒ men
最终，0被广泛地应用，罗马数字也被我们
xiàn zài shǐ yòng de ā lā bó shù zì qǔ dài
现在使用的阿拉伯数字取代。"

jīng jing shuō yuán lái jìng rán yǒu zhè me qū zhé de gù
晶晶说："原来，0竟然有这么曲折的故

shi ya
事呀！"

shì ya kù xiǎo bǎo shuō suī rán biǎo shì shén me dōu méi
"是呀。"酷小宝说，"虽然0表示什么都没

yǒu què fēi cháng zhòng yào ne rú guǒ méi yǒu zhè ge shù zì wǒ
有，却非常重要呢！如果没有0这个数字，我

kǎo yì bǎi fēn de huà lǎo shī jiù zhǐ néng gěi wǒ xiě fēn le zài bǐ
考一百分的话，老师就只能给我写1分了。再比

rú wǒ yǒu kuài táng chī diào le kuài hái shèng duō shao kuài liè
如：我有3块糖，吃掉了3块，还剩多少块？列

suàn shì shì zǒng bù néng xiě chéng méi
算式是'3－3＝0'，总不能写成'3－3＝没

yǒu le ba shuō zhe kù xiǎo bǎo zài dì sān gè gé zi li xiě shàng
有了'吧？"说着，酷小宝在第三个格子里写上

le shù zì zài hòu miàn fēn bié xiě chū
了数字0，在后面分别写出5，9，2。

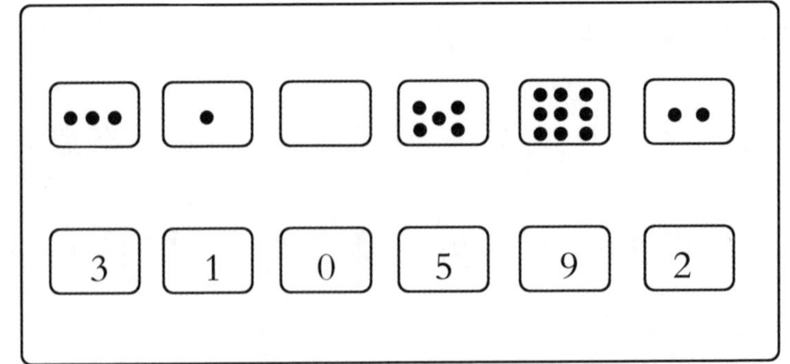

kù xiǎo bǎo gāng xiě wán zuì hòu yí gè shù zì mén fā chū fēi
酷小宝刚写完最后一个数字，门发出非
cháng chén zhòng de shēng yīn màn màn dǎ kāi le
常沉重的声音，慢慢打开了。

bāng wū pó bǔ qiáng
帮巫婆补墙

mén gāng dǎ kāi sōu yí gè dà qiú fā shè guo lai
门刚打开，“嗖——”，一个大球发射过来，
chōng xiàng kù xiǎo bǎo
冲向酷小宝。

jīng jing shēn zi yì shǎn dǎng zài le kù xiǎo bǎo miàn qián fā
晶晶身子一闪，挡在了酷小宝面前，发
chū qī cǎi sè de guāng máng bǎ qiú gěi tán le huí qù
出七彩色的光芒，把球给弹了回去。

zhī tīng hōng lōng yì shēng qiú zhuàng dào qiáng shang
只听“轰隆——”一声，球撞到墙上，
qiáng bèi zhuàng chū le yí gè dà dòng
墙被撞出了一个大洞。

jǐn jiē zhe dòng li dēng huǒ huī huáng liàng rú bái zhòu
紧接着，洞里灯火辉煌，亮如白昼。

nǎ lǐ lái de xiǎo guǐ yí gè wū pó chū xiàn zài kù xiǎo bǎo
“哪里来的小鬼？”一个巫婆出现在酷小宝
miàn qián lì shēng shuō jìng rán zhuàng huài le wǒ de qiáng
面前，厉声说，“竟然撞坏了我的墙！”

kù xiǎo bǎo xià le yí tiào jīng jing zuān dào kù xiǎo bǎo ěr duo li
酷小宝吓了一跳，晶晶钻到酷小宝耳朵里，
shuō bú yòng pà nǐ shù xué nà me hǎo néng duì fu tā de
说：“不用怕，你数学那么好，能对付她的。”

kù xiǎo bǎo zhèn jìng de shuō duì bu qǐ pó po wǒ bāng nín
酷小宝镇静地说：“对不起，婆婆，我帮您
bǎ qiáng bǔ hǎo
把墙补好。”

wū pó gē gē xiào le kàn nǐ zhè me dǒng lǐ mào jiù gěi
巫婆咯咯笑了：“看你这么懂礼貌，就给
nǐ yí gè jī huì ba
你一个机会吧！”

shuō wán wū pó yì zhī shǒu zài qiáng dòng shang yì zhuā zhuā
说完，巫婆一只手在墙洞上一抓，抓
xià yì zhāng zhǐ lái
下一张纸来。

kù xiǎo bǎo jiē guò wū pó dì guo lai de zhǐ fā xiàn zhèng shì
酷小宝接过巫婆递过来的纸，发现正是
shù xué zhōng xué guo de bǔ qiáng wèn tí tā chòng wū pó tiáo pí
数学中学过的“补墙”问题。他冲巫婆调皮
de yí xiào shuō nín fàng xīn wǒ hěn kuài jiù gěi nín bǔ hǎo
地一笑，说：“您放心，我很快就给您补好。”

jīng jing cóng kù xiǎo bǎo ěr duo li chū lái kàn le yǎn zhǐ wèn
晶晶从酷小宝耳朵里出来，看了眼纸问：
āi yō dòng hái bù xiǎo ne quē jǐ kuài zhuān ne
“哎哟！洞还不小呢，缺几块砖呢？”

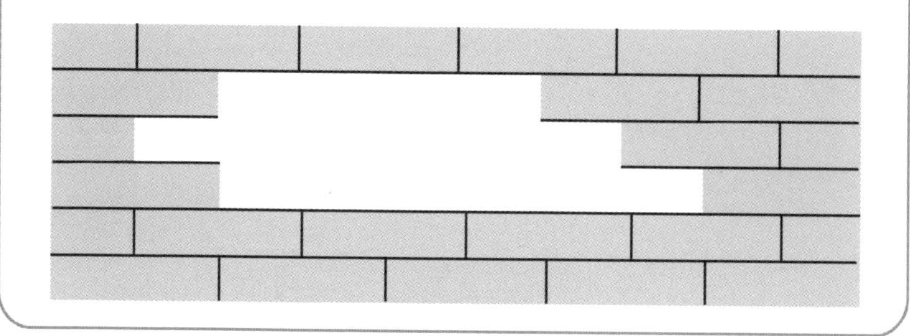

kù xiǎo bǎo shuō quē kuài
酷小宝说：“缺8块。”

jīng jing jīng qí de wèn nǐ zěn me zhī dào shì kuài
晶晶惊奇地问：“你怎么知道是8块？”

kù xiǎo bǎo zhǐ zhe zhǐ shuō wǒ shì suàn chu lai de nǐ kàn
酷小宝指着纸说：“我是算出来的。你看，
měi céng de zhuān shì yí yàng duō de zuì xià miàn céng bù quē gè
每层的砖是一样多的。最下面2层不缺，各
yǒu kuài dì céng yǒu gè zhěng kuài suǒ yǐ quē kuài dì sì
有5块。第三层有2个整块，所以缺3块；第四

céng yǒu gè zhěng kuài gè bàn kuài gè bàn kuài hé qi lai shì
层有1个整块、2个半块，2个半块合起来是1
gè zhěng kuài yě jiù shì yǒu gè zhěng kuài quē kuài dì wǔ céng yǒu
个整块，也就是有2个整块，缺3块；第五层有
gè zhěng kuài quē kuài yí gòng quē kuài
3个整块，缺2块。一共缺3＋3＋2＝8（块）。”

jīng jing kuā kù xiǎo bǎo bú kuì shì kù xiǎo bǎo nà me nǐ
晶晶夸酷小宝：“不愧是酷小宝！那么，你
gāi zěn me gěi tā bǔ ne
该怎么给她补呢？”

kù xiǎo bǎo ná chū shuǐ jīng bǐ shuō xiān bǔ héng xiàn bǎ měi
酷小宝拿出水晶笔，说：“先补横线，把每

céng bǔ chu lai
层补出来。”

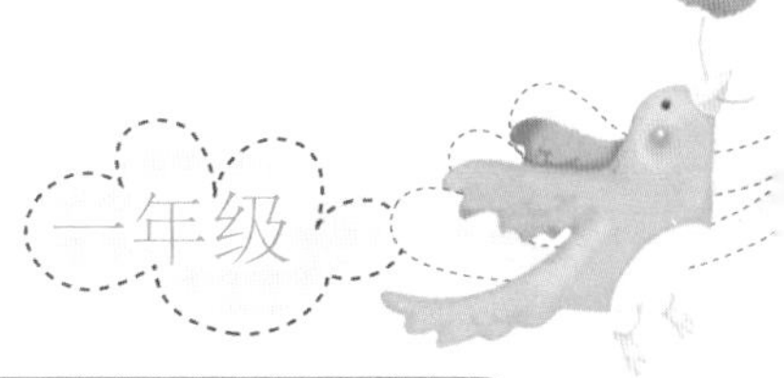

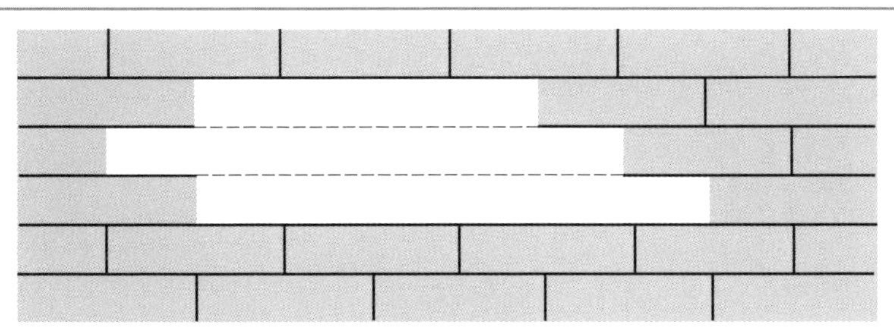

héng xiàn huà hǎo le kù xiǎo bǎo shuō zài bǔ shù xiàn dì

横线画好了，酷小宝说：“再补竖线。第1、

céng shì yí yàng de dì céng shì yí yàng de suǒ yǐ

3、5层是一样的，第2、4、6层是一样的。所以，

bǔ dì céng shí cān kǎo dì céng bǔ dì céng shí cān kǎo dì

补第3、5层时参考第1层；补第4层时参考第2

céng huò dì céng

层或第6层。”

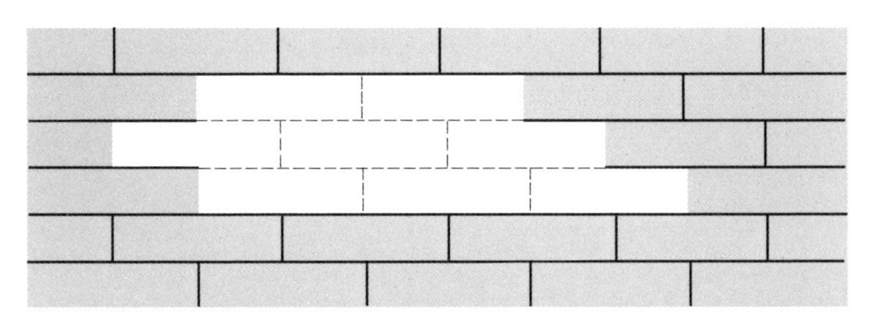

kù xiǎo bǎo hěn kuài jiù bǔ hǎo le bǎ zhǐ jiāo gěi wū pó wū

酷小宝很快就补好了，把纸交给巫婆，巫

pó kàn hòu diǎn dian tóu shuō hěn hǎo tā bǎ zhǐ cháo qiáng dòng yì

婆看后点点头说：“很好！”她把纸朝墙洞一

rēng zhǐ fā chū yào yǎn de guāng huǎng de kù xiǎo bǎo zhēng bu kāi

扔，纸发出耀眼的光，晃得酷小宝睁不开

yǎn

眼。

děng kù xiǎo bǎo zhēng kāi yǎn kàn shí qiáng yǐ jīng huī fù chéng
等酷小宝睁开眼看时，墙已经恢复成

yuán yàng qiáng dòng bú jiàn le
原样，墙洞不见了。

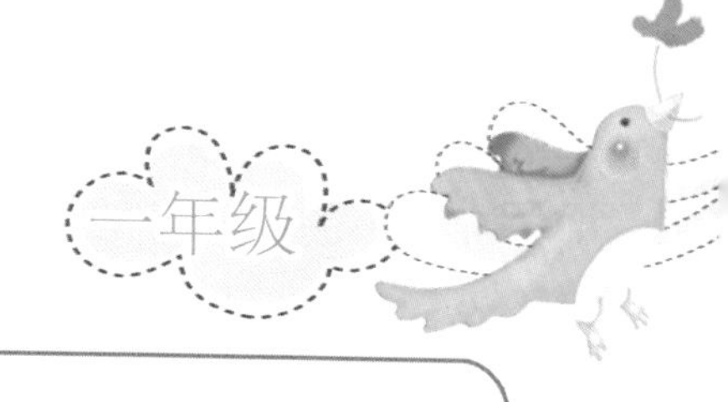

gěi wū pó zhěng lǐ zá wù
给巫婆整理杂物

kù xiǎo bǎo jiàn qiáng yǐ jīng bǔ hǎo le wèn wū pó pó po xiàn
酷小宝见墙已经补好了，问巫婆：“婆婆，现
zài wǒ yǐ jīng bǔ hǎo le nín de qiáng nín néng bāng wǒ gè máng ma
在，我已经补好了您的墙，您能帮我个忙吗？”

wū pó shuō nǐ zhè ge xiǎo guǐ qiáng shì nǐ gěi wǒ zhuàng
巫婆说：“你这个小鬼，墙是你给我撞
pò de nǐ gěi wǒ bǔ hǎo shì yīng gāi de
破的，你给我补好是应该的。”

kù xiǎo bǎo shuō shì yīng gāi de kě shì xiàn zài wǒ xiǎng qǐng
酷小宝说：“是应该的。可是，现在我想请
qiú nín de bāng máng wǒ yě bù zhī dào zì jǐ zěn me dào zhè lǐ lái
求您的帮忙。我也不知道自己怎么到这里来
de chōng zhuàng le nín yě shì wú yì de
的，冲撞了您也是无意的。”

wū pó xiào le xiào shuō kàn nǐ zhè me yǒu lǐ mào wǒ jiù
巫婆笑了笑说：“看你这么有礼貌，我就
bāng bang nǐ ba dàn shì nǐ děi bāng wǒ zhěng lǐ yí xià zá wù
帮帮你吧。但是你得帮我整理一下杂物。”

kù xiǎo bǎo tīng le lì jí diǎn tóu dā ying shuō hǎo de yì
酷小宝听了立即点头答应，说：“好的，一
yán wéi dìng
言为定！”

wū pó hé kù xiǎo bǎo lā gōu jī zhǎng biǎo shì dōu zūn shǒu yuē dìng
巫婆和酷小宝拉钩、击掌，表示都遵守约定。

wū pó lǐng kù xiǎo bǎo dào le yí gè fáng jiān li shuō xiǎo zi zhè lǐ jiù jiāo gěi nǐ le biàn lí kāi le
巫婆领酷小宝到了一个房间里，说：“小子，这里就交给你了。”便离开了。

kù xiǎo bǎo jìn qù yí kàn āi yō zhè dì shàng shì gè zhǒng yán sè hé xíng zhuàng de sù liào bǎn
酷小宝进去一看，哎哟，这地上是各种颜色和形状的塑料板。

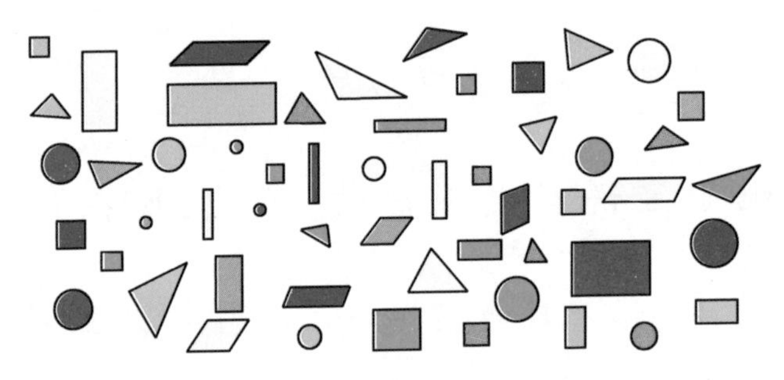

jīng jing kàn de yǎn huā liáo luàn wèn zhè me luàn zěn me gěi tā zhěng lǐ ne
晶晶看得眼花缭乱，问：“这么乱，怎么给她整理呢？”

kù xiǎo bǎo shuō fēn lèi zhěng lǐ ba kě yǐ àn yán sè fēn yě kě yǐ àn xíng zhuàng fēn
酷小宝说：“分类整理吧。可以按颜色分，也可以按形状分。”

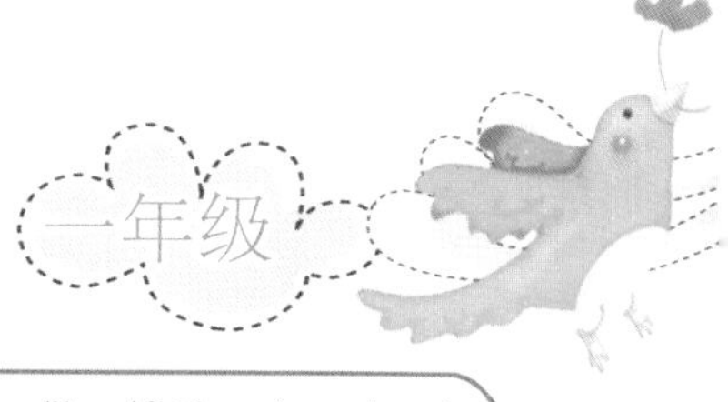

jīng jing shuō àn yán sè fēn wǒ dǒng jiù shì tóng yàng de yán
晶晶说："按颜色分我懂，就是同样的颜

sè shì yí lèi wǒ lái fēn ba
色是一类，我来分吧！"

jīng jing fēi le yì quān huí lái gào su kù xiǎo bǎo hóng sè
晶晶飞了一圈，回来告诉酷小宝："红色

de gè lǜ sè de gè huáng sè de gè lán sè de gè
的6个；绿色的11个；黄色的9个；蓝色的11个；

fěn sè de gè chéng sè de gè huī sè de gè
粉色的6个；橙色的5个；灰色的6个。"

kù xiǎo bǎo bú fàng xīn de wèn nǐ què dìng méi yǒu lòu diào
酷小宝不放心地问："你确定没有漏掉？"

jīng jing hēi hēi yí xiào fàng xīn ba jué duì bú huì cuò
晶晶嘿嘿一笑："放心吧！绝对不会错！"

kù xiǎo bǎo shuō hǎo ba wǒ xiāng xìn nǐ wǒ men yě kě yǐ
酷小宝说："好吧。我相信你。我们也可以

àn xíng zhuàng lái fēn lèi fēn wéi cháng fāng xíng zhèng fāng xíng sān jiǎo
按形状来分类，分为长方形、正方形、三角

xíng yuán xíng píng xíng sì biān xíng gòng lèi
形、圆形、平行四边形，共5类。"

kù xiǎo bǎo dūn xià shēn shuō àn xíng zhuàng fēn ba
酷小宝蹲下身说："按形状分吧！"

tā bǎ tóng yì zhǒng xíng zhuàng de sù liào bǎn fàng dào yì qǐ
他把同一种形状的塑料板放到一起，

xīn xiǎng wǒ yòng zhè xiē sù liào bǎn pīn chéng kě ài de tú àn tiē
心想：我用这些塑料板拼成可爱的图案，贴

zài qiáng shang wū pó yí dìng hěn xǐ huan
在墙上，巫婆一定很喜欢。

yú shì tā jiù máng kāi le
于是，他就忙开了。

hěn kuài kù xiǎo bǎo jiù yòng cǎi sè de sù liào bǎn zài qiáng shang
很快，酷小宝就用彩色的塑料板在墙上
zhān tiē chū yì fú huà lái zhè huà zhēn piào liang yǒu yuán yuán de hóng
粘贴出一幅画来。这画真漂亮，有圆圆的红
tài yáng cǎi sè de fáng zi huā duǒ lǜ sè de xiǎo shù yuán gǔn gǔn
太阳，彩色的房子、花朵，绿色的小树，圆滚滚
de xiǎo huáng jī cǎi sè de hú li xiǎo tù zi
的小黄鸡，彩色的狐狸、小兔子……

jīng jing jīng xǐ de shuō zhēn piào liang wū pó yí dìng huì hěn
晶晶惊喜地说：“真漂亮，巫婆一定会很
xǐ huan
喜欢。”

zhèng shuō zhe wū pó lái le kàn dào qiáng shang de huà guǒ
正说着，巫婆来了，看到墙上的画，果
rán hěn xǐ huan kù xiǎo bǎo zhèng děng zhe jiē shòu wū pó de kuā jiǎng
然很喜欢。酷小宝正等着接受巫婆的夸奖，
wū pó què tū rán fā nù le nǐ men jìng nòng zāng le wǒ xīn ài de
巫婆却突然发怒了：“你们竟弄脏了我心爱的
sù liào bǎn
塑料板！”

jīng jing lì jí zuān dào kù xiǎo bǎo ěr duo li xiǎo shēng shuō duì
晶晶立即钻到酷小宝耳朵里，小声说：“对
bu qǐ gāng gāng wǒ shǔ sù liào bǎn shí pà lòu shǔ le jiù zài shǔ guo
不起，刚刚我数塑料板时，怕漏数了，就在数过
de sù liào bǎn shàng miàn tǔ le kǒu shuǐ nǐ dōu méi fā xiàn méi xiǎng
的塑料板上面吐了口水。你都没发现，没想

dào jìng rán bèi tā fā xiàn le
到竟然被她发现了。”

kù xiǎo bǎo zài xīn lǐ mà jīng jing zhè ge bèn jiā huo píng shí
酷小宝在心里骂晶晶：“这个笨家伙！平时
wǒ men zuò tí shí shǔ tú xíng pà lòu shǔ le jiù zài shǔ guo de tú
我们做题时数图形，怕漏数了，就在数过的图
xíng shàng miàn huà gè diǎn nǐ dào hǎo jìng rán tǔ kǒu shuǐ děng zhe ái
形上面画个点。你倒好，竟然吐口水，等着挨
xùn ba
训吧。”

kù xiǎo bǎo xīn lǐ mà zhe jīng jing què bù dé bù gǎn jǐn gěi wū
酷小宝心里骂着晶晶，却不得不赶紧给巫
pó dào qiàn duì bu qǐ pó po wǒ gěi nín cā gān jìng
婆道歉：“对不起，婆婆！我给您擦干净。”

wū pó fèn nù de shuō bù xíng wǒ zuì tǎo yàn bù jiǎng
巫婆愤怒地说：“不行——我最讨厌不讲
wèi shēng de rén shuō zhe cóng kǒu li pēn chū yì tuán huǒ lái
卫生的人！”说着从口里喷出一团火来。

qí zhe jīng yú fēi huí jiā

骑着鲸鱼飞回家

yǎn kàn huǒ pēn guo lai le kù xiǎo bǎo dà hǎn jiù mìng

眼看火喷过来了，酷小宝大喊：“救命！”

wèi wèi wèi zěn me le kù xiǎo bǎo zhēng kāi yǎn jīng jing zài

“喂喂喂！怎么了？”酷小宝睁开眼，晶晶在

yì páng hǎn tā kù xiǎo bǎo nǐ zěn me zài dì shang shuì le yí yè

一旁喊他，“酷小宝，你怎么在地上睡了一夜？”

kù xiǎo bǎo cháng cháng de chuǎn le kǒu qì shuō yuán lái shì

酷小宝长长地喘了口气说：“原来是

gè mèng xià sǐ wǒ le dōu guài nǐ

个梦，吓死我了！都怪你！”

jīng jing wěi qu de wèn zěn me guài wǒ ne

晶晶委屈地问：“怎么怪我呢？”

kù xiǎo bǎo bǎ mèng gēn jīng jing shuō le yí biàn jīng jing hā hā

酷小宝把梦跟晶晶说了一遍，晶晶哈哈

dà xiào kù xiǎo bǎo shì nǐ zì jǐ bú zhù yì wèi shēng ba wǒ kě

大笑：“酷小宝，是你自己不注意卫生吧？我可

cóng lái bù suí biàn tǔ kǒu shuǐ de

从来不随便吐口水的。”

méng xiǎo bèi hé xióng hái zi men yě dōu shuì xǐng le jiàn kù xiǎo

萌小贝和熊孩子们也都睡醒了，见酷小

bǎo zuò zài dì shang shuō zhè zǒng tǒng tào fáng de chuáng shuì zhe jiù

宝坐在地上，说：“这总统套房的床睡着就

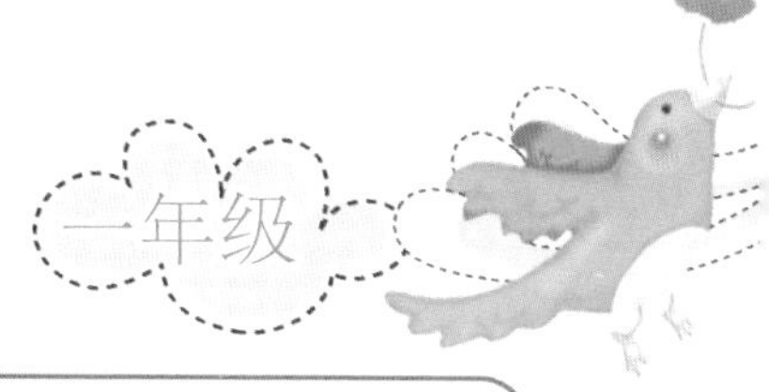

shì shū fu yào bù zán zài zhù jǐ tiān zài zǒu ba
是舒服，要不咱再住几天再走吧？”

kù xiǎo bǎo lì jí shuō yào zhù nǐ zì jǐ zhù ba wǒ kě yì
酷小宝立即说：“要住你自己住吧！我可一
tiān dōu bù xiǎng zài zhèr dāi le
天都不想在这儿待了！”

méng xiǎo bèi wèn wèi shén me ne
萌小贝问：“为什么呢？”

jīng jing tiáo pí de shuō tā xián zhè lǐ tài shū fu le hā
晶晶调皮地说：“他嫌这里太舒服了。哈
hā
哈——”

kù xiǎo bǎo měng de cháo jīng jing pāi guo qu jīng jing huāng máng
酷小宝猛地朝晶晶拍过去，晶晶慌忙
duǒ kāi le
躲开了。

xióng hái zi men shuō wǒ men yě xiǎng duō zhù jǐ tiān kě
熊孩子们说：“我们也想多住几天，可
shì pà bà ba mā ma jiàn bu dào wǒ men zháo jí
是，怕爸爸妈妈见不到我们着急。”

méng xiǎo bèi shuō duì shì děi gǎn jǐn huí qù
萌小贝说：“对！是得赶紧回去。”

líng ling cóng méng xiǎo bèi ěr duo li fēi chu lai shuō zhè ge bīn
灵灵从萌小贝耳朵里飞出来说：“这个宾
guǎn li yǒu sòng nǐ huí jiā fú wù qù wèn wen ba
馆里有‘送你回家’服务，去问问吧。”

kù xiǎo bǎo yì tīng lì mǎ pǎo chu qu jiàn dào yí wèi mǎ yǐ
酷小宝一听，立马跑出去，见到一位蚂蚁

fú wù yuán lā zhù jiù wèn nín hǎo qǐng wèn zhè lǐ yǒu sòng nǐ
服务员，拉住就问：“您好，请问，这里有‘送你

huí jiā fú wù duì ma
回家’服务，对吗？”

mǎ yǐ fú wù yuán duì kù xiǎo bǎo jū le gè gōng shuō shì
蚂蚁服务员对酷小宝鞠了个躬说：“是

de xiān sheng qǐng nín gēn wǒ lái méng xiǎo bèi hé xióng hái zi men
的，先生。请您跟我来。”萌小贝和熊孩子们

yě gēn le chū qù
也跟了出去。

mǎ yǐ fú wù yuán bǎ tā men dài dào yí gè yuàn zi li shuō
蚂蚁服务员把他们带到一个院子里，说：

qǐng nín shāo děng jiù lí kāi le
“请您稍等。”就离开了。

piàn kè mǎ yǐ fú wù yuán huí lái le dì gěi kù xiǎo bǎo yì
片刻，蚂蚁服务员回来了，递给酷小宝一

zhāng zhǐ
张纸。

kù xiǎo bǎo kàn le yì yǎn shuō lián diǎn chéng huà xiǎo cài
酷小宝看了一眼，说：“连点成画？小菜

yì dié
一碟！”

kù xiǎo bǎo zǐ xì guān chá hòu tāo chū shuǐ jīng bǐ duì xióng hái
酷小宝仔细观察后，掏出水晶笔，对熊孩

zi men shuō zhè yàng de tí xū yào wǒ men xiān zhǎo dào qǐ diǎn
子们说：“这样的题，需要我们先找到起点。

zhè xiē shù zì zuì xiǎo de shì zuì dà de shì hé
这些数字最小的是21，最大的是100，21和100

已经连好了。接下来我们需要按照数字从小到大的顺序依次连接起来。”

萌小贝说：“酷小宝，风头都让你出尽了，这次让给我呗！”

酷小宝看了眼萌小贝，说：“好吧！让着你，谁让你是妹妹。”

萌小贝掏出水晶笔，说：“我喜欢粉色，我要画成粉色的。”

萌小贝找到21，从21开始，然后连22，23，24，…，98，99，100。

萌小贝画完，惊叫：“是头鲸鱼呀！粉色的鲸鱼！真漂亮！”

鲸鱼摇了摇尾巴，活了，从题卡上一跃，跃到半空，越来越大，最后大得像一座大房子

yí yàng
一样。

mǎ yǐ fú wù yuán shuō gōng xǐ nǐ men zhè tóu fěn sè de
蚂蚁服务员说："恭喜你们！这头粉色的

yún jīng kě yǐ dài nǐ men huí jiā
云鲸可以带你们回家。"

cóng fěn sè yún jīng shēn shang jiàng xià yí gè fěn sè de diào lán
从粉色云鲸身上降下一个粉色的吊篮，

xióng hái zi men yí gè jiē yí gè huān xǐ de tiào jìn le diào lán zuì
熊孩子们一个接一个，欢喜地跳进了吊篮，最

hòu kù xiǎo bǎo hé méng xiǎo bèi yě tiào jìn diào lán diào lán huǎn huǎn
后，酷小宝和萌小贝也跳进吊篮，吊篮缓缓

shàng shēng bǎ tā men sòng dào fěn sè yún jīng de bèi shang
上升，把他们送到粉色云鲸的背上。

dà jiā dōu zuò wěn le fěn sè yún jīng huǎn huǎn qǐ fēi màn màn
大家都坐稳了，粉色云鲸缓缓起飞，慢慢

shàng shēng dào tiān kōng dà jiā hé mǎ yǐ fú wù yuán huī shǒu dào bié
上升到天空，大家和蚂蚁服务员挥手道别。

xīn de quán jī shǒu

新的拳击手

dà jiā zuò zài fěn sè yún jīng de bèi shang kàn dàn dàn de yún
大家坐在粉色云鲸的背上，看淡淡的云

cai cóng shēn biān piāo guò róu hé de cǎi fēng fú guò liǎn jiá gǎn jué shì
彩从身边飘过，柔和的彩风拂过脸颊，感觉是

nà yàng měi miào
那样美妙。

měi miào de shí kè zǒng shì xiǎn de nà me duǎn zàn hěn kuài tā
美妙的时刻总是显得那么短暂，很快，他

men jiù kàn dào le zōng xióng jiā nà shú xi de fáng zi
们就看到了棕熊家那熟悉的房子。

fěn sè yún jīng huǎn huǎn jiàng luò tā men shùn zhe fěn sè yún jīng
粉色云鲸缓缓降落，他们顺着粉色云鲸

guāng huá de pí fū huá dào cǎo dì shang jiù xiàng wán yí gè dà dà
光滑的皮肤滑到草地上，就像玩一个大大

de huá tī yí yàng
的滑梯一样。

dà jiā dōu huá le xià lái què fā xiàn fěn sè yún jīng yán sè jiàn
大家都滑了下来，却发现粉色云鲸颜色渐

jiàn biàn dàn dàn chéng le tòu míng sè zuì hòu huà zuò yí gè pào pào
渐变淡，淡成了透明色，最后，化作一个泡泡

fēi shàng le tiān kōng
飞上了天空。

kù xiǎo bǎo hé méng xiǎo bèi hěn nán guò tā men tài shě bu de
酷小宝和萌小贝很难过，他们太舍不得

lí kāi fěn sè yún jīng le
离开粉色云鲸了。

nǐ men huí lái le zōng xióng xiān sheng zǒu chu lai wèn qù
“你们回来了？”棕熊先生走出来问，“去

nǎ lǐ wán le lǚ tú yí dìng hěn jīng cǎi ba
哪里玩了？旅途一定很精彩吧？”

bà ba xióng hái zi men fēn fēn pǎo shang qu yōng bào zōng
“爸爸！”熊孩子们纷纷跑上去拥抱棕

xióng xiān sheng
熊先生。

zōng xióng tài tai zǒu chu lai duì kù xiǎo bǎo hé méng xiǎo bèi
棕熊太太走出来，对酷小宝和萌小贝

shuō huān yíng nǐ men huí jiā zhè jǐ gè xióng hái zi ràng nǐ men fèi
说：“欢迎你们回家，这几个熊孩子让你们费

xīn le
心了。”

mā ma xióng hái zi men jiàn mā ma chū lái lì jí pǎo guo
“妈妈！”熊孩子们见妈妈出来，立即跑过

qu yōng bào mā ma
去拥抱妈妈。

kù xiǎo bǎo hé méng xiǎo bèi shuō xiè xie nǐ men de xìn rèn
酷小宝和萌小贝说：“谢谢你们的信任！

wǒ men wán de hěn kāi xīn
我们玩得很开心。”

zōng xióng xiān sheng shuō hǎo le hái zi men bà ba gěi nǐ
棕熊先生说：“好了，孩子们，爸爸给你

men mǎi le xīn de quán jī shǒu wán ǒu
们买了新的拳击手玩偶！”

ǎ xióng hái zi men yì liǎn jīng kǒng de shuō bú huì ba
“啊？”熊孩子们一脸惊恐地说，“不会吧？”

méng xiǎo bèi xiǎng le xiǎng zǒu dào zōng xióng xiān sheng gēn qián
萌小贝想了想，走到棕熊先生跟前

shuō zōng xióng xiān sheng wǒ xiǎng gēn nín tán tan
说：“棕熊先生，我想跟您谈谈。”

zōng xióng xiān sheng wēi xiào zhe diǎn dian tóu shuō hǎo ya
棕熊先生微笑着点点头，说：“好呀！”

méng xiǎo bèi shuō zōng xióng xiān sheng wǒ zhī dào nín fēi cháng
萌小贝说：“棕熊先生，我知道您非常

xī wàng hái zi men néng shú liàn zhǔn què de jì suàn wǒ jué de hái
希望孩子们能熟练、准确地计算。我觉得，还

shi xiān ràng hái zi men zhǎng wò le suàn lǐ suàn fǎ liàn xí de chà
是先让孩子们掌握了算理、算法，练习得差

bu duō shí zài qù wán quán jī shǒu wán ǒu bǐ jiào hǎo
不多时，再去玩拳击手玩偶比较好。”

zōng xióng xiān sheng diǎn dian tóu shuō yǒu dào lǐ qǐng wèn
棕熊先生点点头，说：“有道理。请问，

nǐ men liǎ yuàn yì jiāo wǒ de hái zi men ma
你们俩愿意教我的孩子们吗？”

kù xiǎo bǎo tīng dào hòu yǔ méng xiǎo bèi yì kǒu tóng shēng de
酷小宝听到后，与萌小贝异口同声地

shuō dāng rán kě yǐ
说：“当然可以！”

kù xiǎo bǎo hé méng xiǎo bèi kàn le kàn xīn de quán jī shǒu wán
酷小宝和萌小贝看了看新的拳击手玩

ǒu shàng miàn fēn bié xiě zhē
偶，上面分别写着“( )－9”“( )－8”。

shì tuì wèi jiǎn méng xiǎo bèi duì kù xiǎo bǎo shuō
“是退位减。”萌小贝对酷小宝说。

kù xiǎo bǎo bǎ xióng hái zi men jù jí zài yì qǐ hé méng xiǎo bèi gěi xióng hái zi men zuò qǐ le lǎo shī
酷小宝把熊孩子们聚集在一起，和萌小贝给熊孩子们做起了老师。

kù xiǎo bǎo shuō wǒ xiān lái jiǎng shí jǐ jiǎn de tuì wèi jiǎn ba
酷小宝说：“我先来讲十几减9的退位减吧。”

kù xiǎo bǎo zuǒ shǒu ná chū yì kǔn xiǎo bàng shuō zhè yì kǔn shì gēn xiǎo bàng
酷小宝左手拿出一捆小棒，说：“这一捆是10根小棒。”

yòu shǒu ná chū gēn xiǎo bàng shuō zhè shì gēn xiǎo bàng
右手拿出1根小棒，说：“这是1根小棒。”

méng xiǎo bèi zǒu shàng qián shuō kù xiǎo bǎo qǐng gěi wǒ gēn xiǎo bàng
萌小贝走上前，说：“酷小宝，请给我9根小棒。”

kù xiǎo bǎo shuō hǎo de rán hòu jǔ qǐ yòu shǒu wèn xióng hái zi men wǒ shǒu li zhè gēn xiǎo bàng gěi tā gòu ma
酷小宝说：“好的！”然后举起右手问熊孩子们：“我手里这1根小棒给她够吗？”

xióng hái zi men shuō bú gòu tā yào gēn nǐ zhè shǒu li zhǐ yǒu gēn
熊孩子们说：“不够！她要9根，你这手里只有1根。”

xióng hào shuō bǎ zuǒ shǒu nà kǔn jiě kāi ba cóng lǐ miàn
熊2号说："把左手那捆解开吧，从里面
qǔ chū gēn gěi tā
取出9根给她。"

kù xiǎo bǎo hé méng xiǎo bèi kāi xīn de biǎo yáng xióng hào xióng
酷小宝和萌小贝开心地表扬熊2号："熊
èr zhēn cōng míng
二真聪明！"

qǐng jiào wǒ xióng hào xióng hào bù kāi xīn de shuō
"请叫我熊2号！"熊2号不开心地说。

kù xiǎo bǎo hé méng xiǎo bèi rěn zhù xiào shuō xióng hào zhēn
酷小宝和萌小贝忍住笑，说："熊2号真
cōng míng
聪明！"

kù xiǎo bǎo bǎ yì kǔn xiǎo bàng jiě kāi hòu hé xióng hái zi men
酷小宝把一捆小棒解开后，和熊孩子们
yì qǐ shǔ gěi méng xiǎo bèi gēn rán hòu jǔ qǐ liǎng zhī shǒu wèn wǒ
一起数给萌小贝9根，然后举起两只手问："我
shǒu li běn lái yǒu gēn xiǎo bàng xiàn zài gěi le méng xiǎo bèi gēn
手里本来有11根小棒，现在给了萌小贝9根，
hái shèng jǐ gēn ne
还剩几根呢？"

xióng hái zi men kàn kan kù xiǎo bǎo de shǒu dá hái shèng
熊孩子们看看酷小宝的手，答："还剩
gēn
2根。"

xióng hào shuō gēn
熊2号说："10 − 9 = 1，1 + 1 = 2（根）。"

好玩的数学
奇遇记

kù xiǎo bǎo hé méng xiǎo bèi bù yuē ér tóng de kuā zàn xióng hào
酷小宝和萌小贝不约而同地夸赞熊2号：

xióng èr zhēn cōng míng
“熊二真聪明！”

xióng hào liǎn yì chén shuō shì xióng hào
熊2号脸一沉，说：“是熊2号。”

jiē zhe kù xiǎo bǎo hé méng xiǎo bèi yòu gěi xióng hái zi men yǎn
接着，酷小宝和萌小贝又给熊孩子们演

shì le bìng huà chū tú gěi xióng hái zi
示了12－9，13－9，14－9，并画出图给熊孩子

men zǒng jié
们总结。

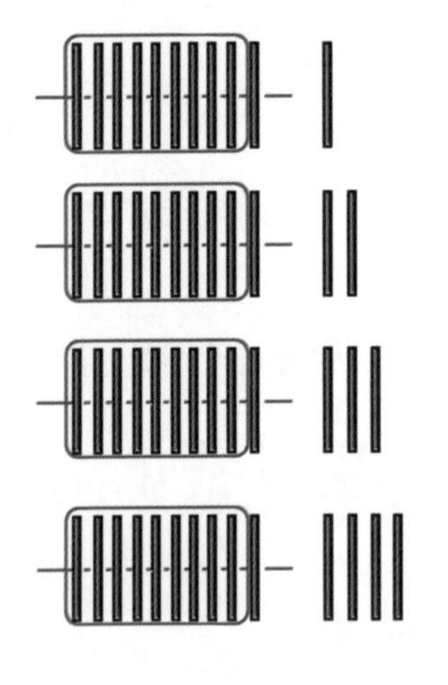

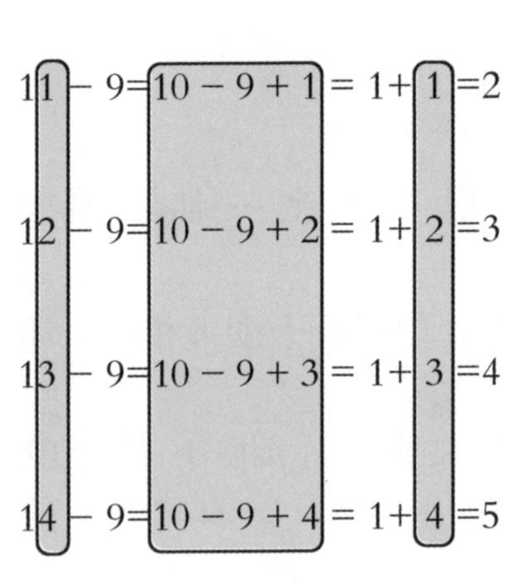
11 − 9 = 10 − 9 + 1 = 1 + 1 = 2
12 − 9 = 10 − 9 + 2 = 1 + 2 = 3
13 − 9 = 10 − 9 + 3 = 1 + 3 = 4
14 − 9 = 10 − 9 + 4 = 1 + 4 = 5

xióng hái zi men kàn zhe tú huǎng rán dà wù ò míng bai le
熊孩子们看着图，恍然大悟：哦！明白了。

shí jǐ jiǎn shí shí jǐ de gè wèi shì jǐ dé shù jiù shì jǐ jiā
十几减9时，十几的个位是几，得数就是几加1。

kù xiǎo bǎo hé méng xiǎo bèi hěn wèi xióng hái zi men gāo xìng
酷小宝和萌小贝很为熊孩子们高兴，

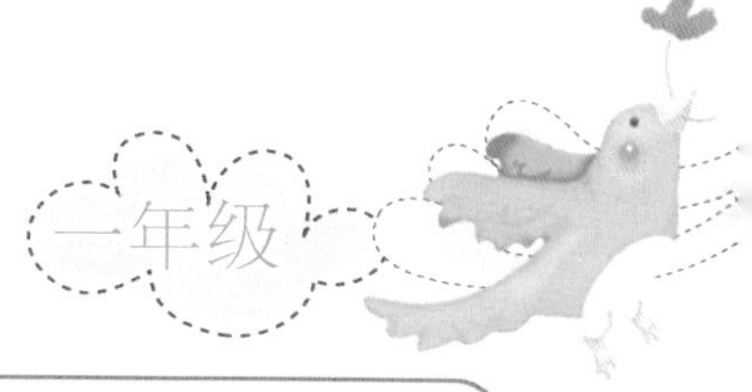

说："是啊。比如，15－9，15的个位是5，得数就是5＋1＝6。"

看熊孩子们都掌握了算理、算法，酷小宝和萌小贝把"（ ）－9"的拳击手玩偶拿出来，让熊孩子们轮流玩。

无论拳击手怎么出题，出题的速度有多快，熊孩子们都能飞速地对上答案。

就这样，可怜的"（ ）－9"拳击手，一次次地把自己打倒，很快就躺在地上不能动弹了。

酷小宝本来想让熊孩子们休息休息再学习"十几减8的退位减"，可熊孩子们学得开心，非要继续学。于是，酷小宝和萌小贝又像演示"十几减9"一样开始演示。

熊孩子们非常聪明，不等酷小宝和萌

小贝讲，就自己总结了：十几减9的退位减是用个位数字加1，那么，十几减8就是用个位数字加2，十几减7就是用个位数字加3……

酷小宝和萌小贝连连点头，又连连摇头，说：“非常棒！大家都非常聪明！但是，要注意的是‘退位减’，也就是个位不够减。比如：18 − 7这个算式，能不能用8 + 7呢？”

熊孩子们摇摇头说：“不能，不能！18 − 7，个位8减7够减，不用退位，所以，18 − 7 = 11。”

太棒了！酷小宝和萌小贝上前给每个熊孩子竖起大拇指说：“你真棒！”

xióng hái zi men chī le biàn xíng guǒ

熊孩子们吃了变形果

kù xiǎo bǎo hé méng xiǎo bèi xiǎng dài xióng hái zi men qù dà zì
酷小宝和萌小贝想带熊孩子们去大自
rán tàn xiǎn zhè yàng tā men yě kě yǐ shùn biàn xún zhǎo tù zi hào xiān
然探险，这样他们也可以顺便寻找兔子1号先
sheng hǎo ràng tù zi hào xiān sheng dài tā men huí qù
生，好让兔子1号先生带他们回去。

zōng xióng xiān sheng hé zōng xióng tài tai jiàn xióng hái zi men zhè me
棕熊先生和棕熊太太见熊孩子们这么
kuài jiù dǎ bài le xīn quán jī shǒu wán ǒu fēi cháng gāo xìng hěn lè
快就打败了新拳击手玩偶，非常高兴，很乐
yì kù xiǎo bǎo hé méng xiǎo bèi dài tā men de hái zi chū qù tàn xiǎn
意酷小宝和萌小贝带他们的孩子出去探险。

tài yáng lòu chū bàn biān liǎn de zǎo chen dài shàng zōng xióng xiān
太阳露出半边脸的早晨，带上棕熊先
sheng hé zōng xióng tài tai wèi tā men zhǔn bèi de xíng li kù xiǎo bǎo hé
生和棕熊太太为他们准备的行李，酷小宝和
méng xiǎo bèi dài zhe xióng hái zi men chū fā le
萌小贝带着熊孩子们出发了。

tā men pái zhe duì méng xiǎo bèi zǒu zài qián miàn kù xiǎo bǎo zǒu
他们排着队，萌小贝走在前面，酷小宝走
zài hòu miàn hǎn zhe kǒu hào xiāng jiāo píng guǒ dà yā
在后面，喊着口号：123，321；香蕉、苹果、大鸭

梨；我们排得多整齐！”

“好累，好累，歇歇吧！”最胖的熊5号实在走不动了。

其他的熊孩子也都建议休息。

酷小宝看前面有片果树林，说：“大家加把劲儿，咱们到前面的果树林休息，那里的果子一定很好吃！”

熊孩子们一听有果子吃，立即有了精神。

他们很快到了果树林，各种各样的果子，真是奇特，竟然不光有圆形的，有的果子是长方体、正方体、圆柱的，还有的长得像一只鸡或一只猫，有的像一瓶果汁，上面竟然还长着吸管。

熊孩子们可开心了，酷小宝和萌小贝兴

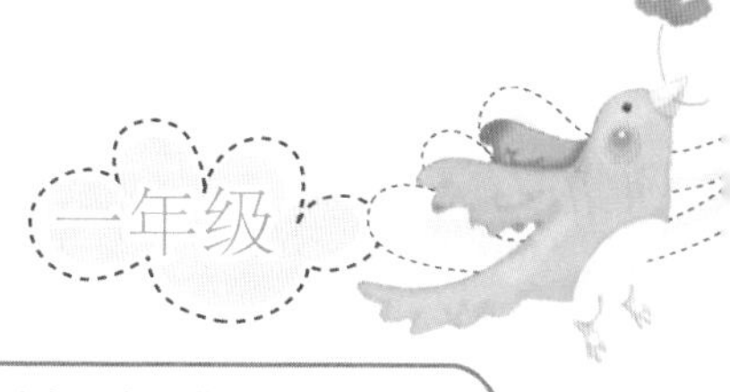

fèn de tiào qi lai jīng jing hé líng ling fēi chu lai jīng jing yǎo zhù kù
奋地跳起来。晶晶和灵灵飞出来，晶晶咬住酷
xiǎo bǎo de ěr duo hǎn chán chóng bié xiā gāo xìng yǒu de guǒ zi
小宝的耳朵喊：“馋虫！别瞎高兴！有的果子
bù néng chī ne
不能吃呢！”

ǎ kù xiǎo bǎo gāng yào zhāi yí gè zhǎng de xiàng māo de guǒ
“啊？”酷小宝刚要摘一个长得像猫的果
zi shī wàng de tíng zhù le shǒu
子，失望地停住了手。

líng ling yě zhì zhǐ le méng xiǎo bèi dàn xióng hái zi men zǎo yǐ
灵灵也制止了萌小贝，但熊孩子们早已
jīng zhāi xia lai chī dào le dù zi li
经摘下来吃到了肚子里。

xióng hái zi men yí gè gè wǔ zhe dù zi shuō dù zi hǎo
熊孩子们一个个捂着肚子说：“肚子好
téng a
疼啊！”

rán hòu xióng hào biàn chéng le yì zhī māo xióng hào biàn
然后，熊1号变成了一只猫，熊3号变
chéng le yì zhī fēi cháng měi lì de hú dié xióng hào biàn chéng le
成了一只非常美丽的蝴蝶，熊5号变成了
yì zhī féi féi de gōng jī xióng hào hé xióng hào biàn chéng le mì
一只肥肥的公鸡，熊4号和熊6号变成了蜜
fēng zhǐ yǒu xióng hào méi shì
蜂，只有熊2号没事。

kù xiǎo bǎo wèn xióng hào chī le shén me guǒ zi xióng hào
酷小宝问熊2号吃了什么果子，熊2号

shuō wǒ chī le gè píng guǒ hē le bēi guǒ zhī
说:"我吃了个苹果,喝了杯果汁。"

méng xiǎo bèi shuō kàn lái xiàng dòng wù de guǒ zi bù néng
萌小贝说:"看来,像动物的果子不能
chī chī le shén me yàng de guǒ zi jiù huì biàn chéng shén me yàng de
吃,吃了什么样的果子,就会变成什么样的
dòng wù
动物。"

māo hé gōng jī cèng ceng kù xiǎo bǎo de tuǐ hú dié hé liǎng zhī
猫和公鸡蹭蹭酷小宝的腿,蝴蝶和两只
mì fēng rào zhe méng xiǎo bèi fēi lái fēi qù shuō kù xiǎo bǎo méng
蜜蜂绕着萌小贝飞来飞去,说:"酷小宝,萌
xiǎo bèi bāng bang wǒ men wǒ men xiǎng biàn huí wǒ men de xióng yàng
小贝,帮帮我们,我们想变回我们的熊样!"

kù xiǎo bǎo hé méng xiǎo bèi shuō fàng xīn wǒ men yí dìng zhǎo
酷小宝和萌小贝说:"放心,我们一定找
dào jiě yào ràng nǐ men huī fù yuán lái de mú yàng
到解药,让你们恢复原来的模样!"

jīng jing hé líng ling shuō tīng shuō zài shù xué shān shang yǒu gè
晶晶和灵灵说:"听说在数学山上,有个
shù xué dòng lǐ miàn zhù zhe yí wèi shù xué xiān tā yǒu gè zhǒng jiě
数学洞,里面住着一位数学仙,他有各种解
yào dàn shì shù xué shān dào dǐ zài nǎ lǐ wǒ men yě bù zhī dào
药。但是,数学山到底在哪里,我们也不知道。"

wǒ zhī dào zài nǎ lǐ zhè shí tū rán pǎo lái yì zhī lán
"我知道在哪里!"这时,突然跑来一只蓝
hú li shuō bú guò nǐ men děi bāng wǒ yí gè máng
狐狸,说,"不过,你们得帮我一个忙。"

shén me máng　wǒ men jìn quán lì bāng nǐ　kù xiǎo bǎo hé
“什么忙？我们尽全力帮你！”酷小宝和
méng xiǎo bèi shuō
萌小贝说。

lán hú li shuō　qí shí　wǒ bìng bú shì yì zhī hú li　wǒ
蓝狐狸说：“其实，我并不是一只狐狸。我
yě shì chī le zhè lǐ de hú li guǒ cái biàn chéng hú li de　wǒ zhǎo
也是吃了这里的狐狸果才变成狐狸的。我找
dào le shù xué xiān　tā gěi le wǒ　lì zhǒng zi　shuō àn tā de yāo
到了数学仙，他给了我8粒种子，说按他的要
qiú zhòng yí piàn guǒ shù lín　zhòng hǎo hòu wǒ jiù néng huī fù yuán lái
求种一片果树林，种好后我就能恢复原来
de mú yàng le
的模样了。”

zhòng shàng bú jiù xíng le ma　shén me yàng de yāo qiú zhè me
“种上不就行了吗？什么样的要求这么
nán　kù xiǎo bǎo wèn
难？”酷小宝问。

méng xiǎo bèi shuō　shì shén me yāo qiú　nǐ shuō shuo kàn　shuō
萌小贝说：“是什么要求？你说说看。说
bu dìng wǒ men néng bāng nǐ ne
不定我们能帮你呢！”

lán hú li jī dòng de shuō　nǐ men néng bāng wǒ tài hǎo le
蓝狐狸激动地说：“你们能帮我太好了。
shì zhè yàng de　zhè　lì zhǒng zi　tā ràng wǒ zhòng　háng　měi háng
是这样的，这8粒种子，他让我种4行，每行
zhòng　lì　wǒ shì le hěn duō cì　dōu bù xíng
种3粒。我试了很多次，都不行。”

xióng hào shuō háng měi háng lì jiù shì
熊2号说：“4行？每行3粒？就是3+3+3+

děng yú lì zhǒng zi bú gòu wa
3等于——12粒！种子不够哇！”

jīng jing shuō zhè ge shù xué xiān fēn míng shì bù xiǎng gěi nǐ ma
晶晶说：“这个数学仙，分明是不想给你嘛！”

lán hú li shuō kě shì tā shuō yí dìng kě yǐ zhòng chu lai de
蓝狐狸说：“可是，他说一定可以种出来的。”

méng xiǎo bèi shuō shì de wán quán kě yǐ
萌小贝说：“是的，完全可以！”

lán hú li gèng jiā jī dòng shuō qǐng bāng bang wǒ
蓝狐狸更加激动，说：“请帮帮我！”

kù xiǎo bǎo zài dì shang huà le gè zhèng fāng xíng shuō hǎo le
酷小宝在地上画了个正方形，说：“好了，

xiàn zài nǐ kě yǐ bǎ zhǒng zi fàng dào wǒ huà biāo jì de dì fang le
现在你可以把种子放到我画标记的地方了。”

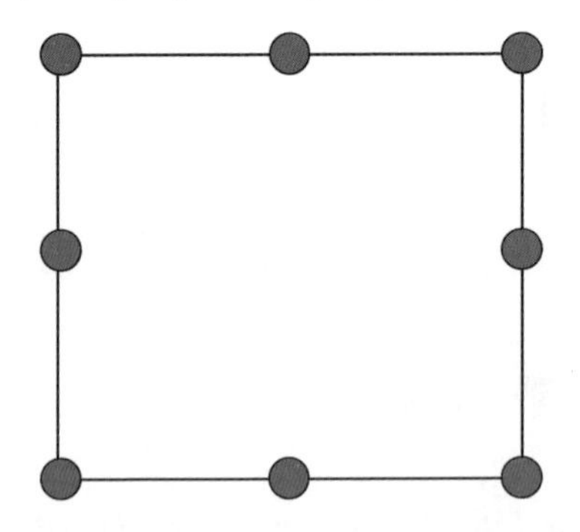

lán hú li shǔ le shǔ shuō yā zhēn de shì háng měi
蓝狐狸数了数，说：“呀！真的是4行，每

háng lì
行3粒。”

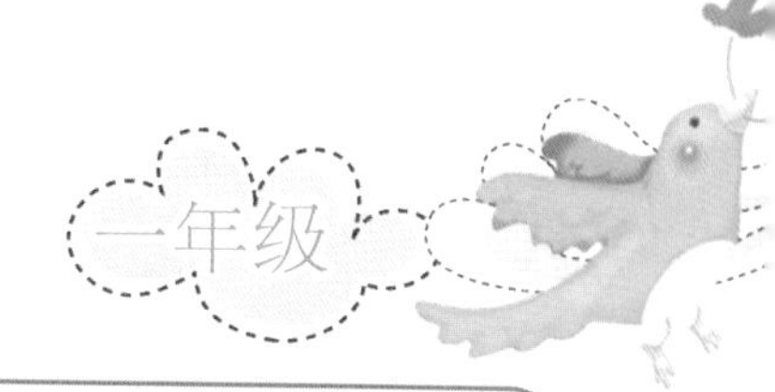

lán hú li bǎ lì zhǒng zi zhòng dào kù xiǎo bǎo huà biāo jì de
蓝狐狸把8粒种子种到酷小宝画标记的

dì fang gāng gāng gěi zhǒng zi gài shàng tǔ lán hú li jiù biàn chéng
地方，刚刚给种子盖上土，蓝狐狸就变成

le yí wèi piào liang de tù xiǎo jiě
了一位漂亮的兔小姐。

不敢接受蜜蜂的吻

兔小姐向酷小宝和萌小贝鞠了个躬说：“谢谢你们！”

兔小姐带着酷小宝、萌小贝前往数学山，随行的还有熊2号、一只猫、一只肥公鸡、一只蝴蝶和两只蜜蜂。

一路上，兔小姐给他们讲了些关于数学仙的故事。数学仙是个怪人，常常让人琢磨不透。找他要解药的人，需要经过他的数学迷宫，兔小姐就是经过了很多年才走出了他的数学迷宫，吃了解药还需要过最后一关。如果不是遇到酷小宝他们，兔小姐不知道自己还要琢

磨多久才能按要求种好树呢！

熊1号变的猫听了兔小姐的话，无比担忧地说："如果我们也要几年才能走出数学迷宫，该多痛苦哇！"

熊2号说："如果我们拿不到解药，那么，我就有一只猫做宠物、一只蝴蝶给我跳舞。哈哈，还有熊4号和熊6号两只蜜蜂，可以给我酿蜜！肥公鸡就没用了，又不能下蛋，不过，可以给我当闹钟，每天叫我起床！"

"哎哟——"熊2号捂着脸一声惨叫，酷小宝和萌小贝吓坏了。

怎么回事？哈哈，原来是两只蜜蜂生气了，狠狠地在熊2号脸上叮了一口。

肥公鸡说："熊2号活该！"

māo shuō xióng hào nǐ xiǎo xīn wǒ fēng lì de qián zhuǎ
猫说：“熊2号！你小心我锋利的前爪！”

méng xiǎo bèi quàn dào nǐ men jiù bú yào gēn xióng hào jì jiào le tā bú guò shì kāi gè wán xiào ér yǐ
萌小贝劝道：“你们就不要跟熊2号计较了，他不过是开个玩笑而已。”

xióng hào shuō nǐ men jiù zhè me xiǎo xīn yǎnr zěn me shuō dōu shì qīn xiōng dì xià zuǐ nà me hěn
熊2号说：“你们就这么小心眼儿？怎么说都是亲兄弟，下嘴那么狠。”

kù xiǎo bǎo yě gǎn jǐn tiáo jiě dà jiā bié nào le xiàn zài xū yào wǒ men tuán jié qi lai sān gè chòu pí jiàng hái sài guò yí gè zhū gě liàng ne zán men yí dìng néng zài zuì duǎn de shí jiān nèi zǒu chū shù xué mí gōng de
酷小宝也赶紧调解：“大家别闹了。现在需要我们团结起来，三个臭皮匠还赛过一个诸葛亮呢！咱们一定能在最短的时间内走出数学迷宫的！”

tù xiǎo jiě shuō wǒ xiāng xìn kù xiǎo bǎo hé méng xiǎo bèi hěn kuài jiù néng dài lǐng dà jiā ná dào jiě yào de
兔小姐说：“我相信酷小宝和萌小贝很快就能带领大家拿到解药的。”

jīng jing hé líng ling shuō lìng wài hái yǒu wǒ men ne
晶晶和灵灵说：“另外还有我们呢！”

dà jiā shuō shuō nào nào zhōng hěn kuài jiù dào le shù xué shān de shù xué dòng qián shù xué dòng dà mén jǐn bì shàng miàn yǒu yí gè huǒ
大家说说闹闹中，很快就到了数学山的数学洞前。数学洞大门紧闭，上面有一个火

柴棒拼成的算式：

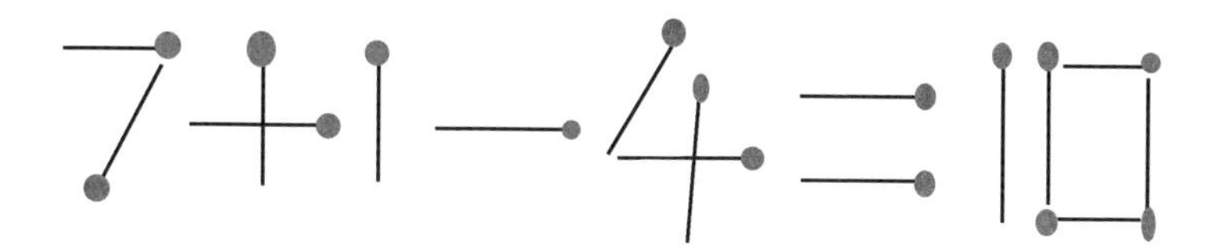

若要进洞，请完成此题：只能移动一根火柴棒，把算式变成正确的。

熊2号看了很着急：“7加1等于8，8再减4等于4，不该等于10。”

兔小姐说：“对呀，这要怎么移动呢？比我上次遇到的题还要难。”

萌小贝甜甜地微笑着说：“大家看我的！”

她上前把加号上竖着的火柴棒拿下来，放到减号上，说：“现在大家再来算算！”

7−1+4=10

dà jiā yí kàn suàn shì biàn chéng le xióng
大家一看：算式变成了7－1＋4＝10。熊

hào shuō jiǎn děng yú zài jiā děng yú zhè shí
2号说：“7减1等于6，6再加4等于10。”这时，

mén zhī yì shēng dǎ kāi le
门“吱”一声打开了。

yē māo hé féi gōng jī tiào shàng qián qīn qin méng xiǎo
“耶——”猫和肥公鸡跳上前亲亲萌小

bèi de tuǐ hú dié fēi dào méng xiǎo bèi miàn qián qīn qin tā de é tóu
贝的腿，蝴蝶飞到萌小贝面前亲亲她的额头，

liǎng zhī mì fēng wēng wēng wēng de fēi dào méng xiǎo bèi miàn qián líng ling
两只蜜蜂嗡嗡嗡地飞到萌小贝面前，灵灵

dà shēng hǎn tíng tíng tíng
大声喊：“停！停！停！”

méng xiǎo bèi gǎn jǐn wǔ zhe liǎn shuō nǐ men liǎ miǎn le
萌小贝赶紧捂着脸说：“你们俩，免了，

miǎn le tā kě méi yǒng qì jiē shòu liǎng zhī mì fēng de wěn
免了！”她可没勇气接受两只蜜蜂的吻。

kù xiǎo bǎo hā hā dà xiào shuō zěn me miǎn le ne mā ma de
酷小宝哈哈大笑，说：“怎么免了呢？妈妈的

wěn shì tián mì de mì fēng de wěn gèng tián mì ba mā ma cháng cháng
吻是甜蜜的，蜜蜂的吻更甜蜜吧？”妈妈常常

gěi kù xiǎo bǎo hé méng xiǎo bèi chàng mā ma de wěn tián mì de wěn
给酷小宝和萌小贝唱“妈妈的吻，甜蜜的吻”。

ā ā kù xiǎo bǎo tū rán dà jiào bié wǒ yě miǎn le ba
“啊——啊——”酷小宝突然大叫，“别！我也免了吧！”

hā hā yuán lái liǎng zhī mì fēng chòng kù xiǎo bǎo wěn qù kàn kù xiǎo bǎo nà jǐn zhāng de biǎo qíng dà jiā dōu xiào de dù zi tòng
哈哈，原来，两只蜜蜂冲酷小宝吻去。看酷小宝那紧张的表情，大家都笑得肚子痛。

shù xué mí gōng dì yī guān

数学迷宫第一关

dà jiā zhèng xiào zhe dòng nèi yǒu gè shēng yīn shuō kě ài de
大家正笑着，洞内有个声音说：“可爱的
hái zi men lái kāi shǐ chuǎng mí gōng ba
孩子们，来开始闯迷宫吧！”

kù xiǎo bǎo dài lǐng dà jiā zǒu jìn dòng li tù xiǎo jiě shuō
酷小宝带领大家走进洞里，兔小姐说：
mí gōng li de měi dào mén shang dōu yǒu yí dào shù xué tí rú guǒ
“迷宫里的每道门上都有一道数学题，如果
jiě dá zhèng què mén zì dòng dǎ kāi kě yǐ tōng guò rú guǒ jiě dá
解答正确，门自动打开，可以通过；如果解答
cuò wù jiù huì shòu dào chéng fá lián xù cuò cì jiù huì huí dào mí
错误，就会受到惩罚。连续错3次，就会回到迷

gōng rù kǒu chóng xīn chuǎng xià cì zài chuǎng yòu shì xīn de shù
宫入口，重新闯。下次再闯，又是新的数
xué tí le
学题了。”

kù xiǎo bǎo wèn suǒ yǐ nǐ chuǎng le jǐ nián cái chuǎng chū
酷小宝问：“所以，你闯了几年才闯出
mí gōng
迷宫？”

tù xiǎo jiě diǎn dian tóu shuō shì ya wǒ dōu bù zhī dào zì
兔小姐点点头，说：“是呀。我都不知道自

jǐ dào dǐ huí dào qǐ diǎn duō shao cì
己到底回到起点多少次。”

méng xiǎo bèi bù xiāng xìn de yáo yao tóu kě shì zhè jǐ nián
萌小贝不相信地摇摇头：“可是，这几年

nǐ zài shù xué mí gōng li bù jué de è bù jué de kùn
你在数学迷宫里不觉得饿？不觉得困？”

xióng hào tū rán chā zuǐ hái yǒu nǐ néng jǐ nián bú shàng
熊6号突然插嘴：“还有，你能几年不上

cè suǒ
厕所？”

méng xiǎo bèi tū rán xiǎng qǐ nà cì kù xiǎo bǎo bèi xióng hào pēn
萌小贝突然想起那次酷小宝被熊6号喷

le yì shēn dà biàn wǔ zhe dù zi xiào kāi le
了一身大便，捂着肚子笑开了。

tù xiǎo jiě yáo yao tóu shuō zài shù xué mí gōng lǐ miàn bú
兔小姐摇摇头，说：“在数学迷宫里面，不

huì gǎn dào è yě bú huì gǎn dào kùn suǒ yǐ yě bú yòng dà xiǎo
会感到饿，也不会感到困，所以，也不用大小

biàn dàn shì yí cì cì shī bài zhēn de hěn tòng kǔ
便。但是，一次次失败，真的很痛苦。”

xióng hào xià de dǎ le gè duō suo māo féi gōng jī hú dié
熊2号吓得打了个哆嗦，猫、肥公鸡、蝴蝶

hé liǎng zhī mì fēng dōu fēi cháng ān jìng xīn lǐ què hěn hài pà
和两只蜜蜂，都非常安静，心里却很害怕。

kù xiǎo bǎo xiào le xiào shuō dà jiā kāi xīn diǎnr wǒ hé
酷小宝笑了笑说：“大家开心点儿！我和

méng xiǎo bèi de shù xué hǎo kě shì chū le míng de zhè cì chuǎng mí
萌小贝的数学好可是出了名的。这次闯迷

gōng zán men yí dìng huì fēi cháng kāi xīn de
宫，咱们一定会非常开心的！”

dà jiā zhī dào kù xiǎo bǎo hé méng xiǎo bèi de lì hai suǒ yǐ
大家知道酷小宝和萌小贝的厉害，所以，
dōu gāo xìng qi lai yīn wèi tā men fēi cháng qī dài fā shēng shén me
都高兴起来，因为，他们非常期待发生什么
shén qí de shì qing jiù lián chuǎng guān chuǎng pà le de tù xiǎo jiě yě
神奇的事情。就连闯关闯怕了的兔小姐也
biǎo shì yuàn yì gēn zhe zài chuǎng yí cì
表示愿意跟着再闯一次。

dà jiā zǒu dào dì yī dào mén qián mén shang shǎn le yì shǎn
大家走到第一道门前，门上闪了一闪，
chū xiàn le yí dào shù xué tí dú chū xià miàn gè shù měi rén dú yí
出现了一道数学题：读出下面各数，每人读一
gè yòng shǒu zhǐ nǎ ge shù jiù dú nǎ ge shù
个，用手指哪个数就读哪个数。

35，66，70，98，41，27，54，18，86

kù xiǎo bǎo shuō dú shù shí cóng gāo wèi dú qǐ shí wèi
酷小宝说：“读数时，从高位读起，十位
shang shì jǐ jiù dú jǐ shí gè wèi shang shì jǐ jiù dú jǐ shí wèi
上是几就读几十，个位上是几就读几，十位
shang shì dú zuò sān shí gè wèi shang shì jiù dú wǔ hé qi
上是3，读作三十，个位上是5，就读五，合起
lai shì sān shí wǔ
来是三十五。”

wǒ xiān gěi dà jiā zuò gè shì fàn kù xiǎo bǎo bǎ shǒu zhǐ
“我先给大家做个示范，”酷小宝把手指

fàng zài shang shuō sān shí wǔ
放在“35”上，说，“三十五。”

kù xiǎo bǎo dú wán yì shǎn shàng miàn chū xiàn le yí
酷小宝读完，“35”一闪，上面出现了一

gè
个“√”。

méng xiǎo bèi shuō xià miàn nǐ men xiǎng dú nǎ ge dú nǎ ge
萌小贝说：“下面你们想读哪个读哪个。

nǐ men dú wán hòu wǒ zài dú
你们读完后我再读。”

xióng hào lì jí shuō wǒ xiān lái tā bǎ xióng zhǎng àn
熊2号立即说：“我先来！”他把熊掌按

zài shang dú dào yī shí bā
在18上，读道：“一十八。”

xióng hào dú wán shàng miàn bìng méi yǒu shǎn guāng chū xiàn
熊2号读完，上面并没有闪光出现

ér shì fā chū yì shēng jǐng gào jǐng gào yí cì
“√”，而是发出一声警告：“警告一次！”

méng xiǎo bèi shuō xióng hào nǐ de dú fǎ qí shí bú suàn
萌小贝说：“熊2号，你的读法其实不算

cuò dàn shì nǐ zěn me xué le xīn zhī shi jiù wàng le jiù zhī shi
错，但是，你怎么学了新知识就忘了旧知识

ne
呢？”

kù xiǎo bǎo rěn bu zhù xī xī xiào le yīn wèi tā xiǎng qǐ le
酷小宝忍不住嘻嘻笑了，因为他想起了

tóng xué liú jiā wàng tā mā ma cháng cháng shuō nǐ zěn me xiàng gǒu
同学刘佳旺，他妈妈常常说：“你怎么像狗

xióng bāi yù mǐ xué le jīn tiān de wàng le zuó tiān de
熊掰玉米，学了今天的忘了昨天的！”

xióng hào lì jí fǎn yìng guo lai bǎ shǒu zhǎng àn zài
熊2号立即反应过来，把手掌按在“18”
shang dú dào shí bā
上，读道：“十八！”

zhè xià shàng miàn shǎn guāng hòu chū xiàn le yí gè
这下，“18”上面闪光后出现了一个
xióng hào kāi xīn jí le
“√”。熊2号开心极了。

māo bǎ māo zhuǎ zi àn zài shang dú dào liù shí
猫把猫爪子按在“66”上，读道：“六十
liù liàng guāng yì shǎn chū xiàn le yí gè
六。”亮光一闪，出现了一个“√”。

jiē zhe tù xiǎo jiě dú le liàng guāng yì shǎn chū xiàn
接着，兔小姐读了“70”。亮光一闪，出现
le yí gè
了一个“√”。

féi gōng jī qiào qǐ yì zhī jī zhuǎ zi wǎng shang yí
肥公鸡翘起一只鸡爪子，往“98”上一
àn shuō jiǔ shí bā liàng guāng yì shǎn chū xiàn le yí gè
按，说：“九十八！”亮光一闪，出现了一个
“√”。

hú dié de jiǎo tài xiān xì le tā luò zài shang hú dié
蝴蝶的脚太纤细了，它落在“27”上。蝴蝶
xì shēng xì qì de dú èr shí qī liàng guāng yì shǎn chū xiàn
细声细气地读：“二十七。”亮光一闪，出现

le yí gè
了一个“√”。

liǎng zhī mì fēng wēng wēng wēng fēn bié luò dào hé
两只蜜蜂“嗡嗡嗡”，分别落到“41”和

shang dú sì shí yī wǔ shí sì
“54”上，读“四十一”“五十四”。

méng xiǎo bèi shuō hā hā zuì hòu yí gè shì wǒ de le
萌小贝说：“哈哈，最后一个是我的了。”

tā bǎ shǒu zhǐ àn zài shang dú dào bā shí liù
她把手指按在“86”上，读道：“八十六！”

liàng guāng yì shǎn shuā mén kāi le
亮光一闪，“唰——”门开了。

cū xīn dà yi zāo chéng fá

粗心大意遭惩罚

mén yì dǎ kāi dà jiā yí zhèn huān hū zǒu le jìn qù shì yí gè sān jiǎo xíng de kōng jiān měi miàn qiáng shang dōu yǒu yí shàn mén mén de xíng zhuàng dà xiǎo dōu yí yàng zhǐ shì yán sè bù tóng

门一打开，大家一阵欢呼，走了进去。是一个三角形的空间，每面墙上都有一扇门，门的形状、大小都一样，只是颜色不同。

méng xiǎo bèi wèn sān shàn mén dào dǐ gāi xuǎn zé kāi nǎ shàn mén ne wǒ xǐ huan fěn sè xuǎn fěn sè mén ba

萌小贝问：“三扇门，到底该选择开哪扇门呢？我喜欢粉色，选粉色门吧！”

kù xiǎo bǎo shuō bù xíng wǒ xǐ huan lán sè xuǎn lán sè mén

酷小宝说：“不行！我喜欢蓝色，选蓝色门！”

tù xiǎo jiě shuō tōng guò zhè sān shàn mén dōu kě yǐ dào xià yì guān zhǐ shì měi shàn mén shang de tí bù tóng suǒ yǐ zhǐ yào néng zuò duì mén shang de shù xué tí xuǎn zé rèn hé yí shàn mén dōu kě yǐ

兔小姐说：“通过这三扇门都可以到下一关，只是每扇门上的题不同。所以，只要能做对门上的数学题，选择任何一扇门都可以。”

jīng jing shuō wǒ zhī chí kù xiǎo bǎo xuǎn lán sè mén

晶晶说：“我支持酷小宝，选蓝色门！”

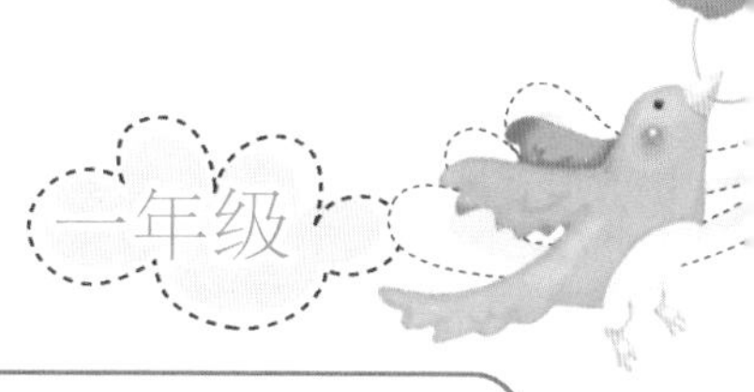

líng ling shuō bù xíng kù xiǎo bǎo shì gē ge yīng gāi ràng zhe mèi mei zài shuō le nǚ shēng yōu xiān xuǎn fěn sè mén

灵灵说："不行！酷小宝是哥哥，应该让着妹妹。再说了，女生优先！选粉色门！"

jīng jing hé líng ling zài kōng zhōng hù xiāng zhuī zhe dǎ le qǐ lái

晶晶和灵灵在空中互相追着打了起来。

kù xiǎo bǎo shuō bié nào le wǒ lái diǎn dian dòu dou

酷小宝说："别闹了！我来点点豆豆。"

kù xiǎo bǎo bì shàng yǎn jing zhuàn gè quānr cóng qí zhōng yí shàn mén kāi shǐ biān diǎn biān shuō diǎn dian dòu dou kàn diǎn dào shéi

酷小宝闭上眼睛，转个圈儿，从其中一扇门开始，边点边说："点点豆豆，看点到谁？"

yē xióng hào hé biàn chéng qí tā dòng wù de xióng hái zi gāo xìng de tiào qi lai shuō shì chéng sè fēng mì de yán sè wǒ men dōu xǐ huan

"耶！"熊2号和变成其他动物的熊孩子高兴地跳起来说："是橙色！蜂蜜的颜色，我们都喜欢！"

kù xiǎo bǎo tiáo pí de cháo xióng hái zi men zhǎ zha yǎn shuō bié gāo xìng tài zǎo yí huìr wǒ bǎ tí zuò cuò nǐ men jiù bù huān hū le

酷小宝调皮地朝熊孩子们眨眨眼说："别高兴太早，一会儿我把题做错你们就不欢呼了。"

xióng hái zi men gǎn jǐn bì shàng le zuǐ ba

熊孩子们赶紧闭上了嘴巴。

kù xiǎo bǎo zǒu dào chéng sè mén qián yòng shǒu zhǐ yí chù dào
酷小宝走到橙色门前，用手指一触到

mén mén shang chū xiàn le yí dào shù xué tí
门，门上出现了一道数学题：

xiě chū xià miàn gè shù
写出下面各数：

sān shí wǔ liù shí jiǔ yì bǎi bā shí èr jiǔ shí èr shí èr
三十五、六十九、一百、八十二、九十、二十二

xióng hào yí kàn shuō zhè ge ràng wǒ lái xiě ba wǒ
熊2号一看，说：“这个让我来写吧，我

huì
会！”

rán hòu hái méi děng dà jiā fǎn yìng guo lai xióng hào yǐ jīng
然后，还没等大家反应过来，熊2号已经

zǒu shàng qián yòng shǒu zhǐ zài shàng miàn xiě chū
走上前，用手指在上面写出“3 10 5”。

pū yì gǔ bái sè de yān wù cóng sān shí wǔ
“噗——”一股白色的烟雾从“三十五”

shang pēn chu lai
上喷出来。

hǎo chòu wa dà jiā lì jí wǔ zhù le bí zi hé zuǐ ba
“好臭哇！”大家立即捂住了鼻子和嘴巴。

tù xiǎo jiě shuō zhè chéng fá kě shì qīng de hòu miàn dà jiā
兔小姐说：“这惩罚可是轻的。后面大家

yào xiǎo xīn le
要小心了。”

xióng hào wěi qu de shuō wǒ xiě cuò le ma nán dào bú shì
熊2号委屈地说：“我写错了吗？难道不是

sān shí wǔ ma wèi shén me yào chéng fá ne
三、十、五吗？为什么要惩罚呢？”

méng xiǎo bèi kū xiào bu de shuō xióng èr a shì sān shí
萌小贝哭笑不得，说：“熊二啊，是三十
wǔ bú shì sān shí wǔ
五，不是三、十、五！”

xióng hào shuō jiào wǒ xióng hào wǒ xiě de jiù shì sān
熊2号说：“叫我熊2号！我写的就是三、
shí wǔ wa
十、五哇！”

kù xiǎo bǎo gǎn jǐn gěi xióng hào jiě shuō xióng hào sān shí
酷小宝赶紧给熊2号解说：“熊2号，三十
wǔ shì yí gè shù bú shì sān gè shù jiù xiàng wǒ men gāng gāng dú
五是一个数，不是三个数。就像我们刚刚读
de shù shì liǎng gè shù hé qi lai de yí gè liǎng wèi shù zhè ge yīng
的数，是两个数合起来的一个两位数。这个应
gāi zhè yàng xiě
该这样写。”

shuō zhe kù xiǎo bǎo ná chū shuǐ jīng bǐ zài zì jǐ de shǒu zhǎng
说着，酷小宝拿出水晶笔在自己的手掌
shang xiě xià gào su xióng hào nǐ kàn zhè jiù shì sān shí
上写下“35”，告诉熊2号：“你看，这就是三十
wǔ tā shì yí gè liǎng wèi shù cóng yòu bian qǐ dì yī wèi shì gè
五，它是一个两位数。从右边起第一位是个
wèi tā de gè wèi shì shù zì dì èr wèi shì shí wèi tā de shí
位，它的个位是数字5；第二位是十位，它的十
wèi shì shù zì xiě shù de shí hou cóng gāo wèi xiě qǐ xiān xiě shí
位是数字3。写数的时候，从高位写起，先写十

wèi gè shí jiù zài shí wèi shang xiě shù zì zài xiě gè wèi
位，3个十，就在十位上写数字3；再写个位，5
gè yī gè wèi shang jiù xiě shù zì hé qi lai jiù shì
个一，个位上就写数字5；合起来，就是35。”

tīng le kù xiǎo bǎo de jiě shì xióng hào zhōng yú míng bai le
听了酷小宝的解释，熊2号终于明白了，
tā kàn kan mén shang de dì èr gè shù wèn kù xiǎo bǎo nà liù shí
他看看门上的第二个数，问酷小宝：“那六十
jiǔ shì bu shì xiān xiě gè zài xiě gè jiù shì zhè yàng shuō
九，是不是先写个6，再写个9？就是这样？”说
zhe xióng hào zài kù xiǎo bǎo shǒu xīn xiě le
着，熊2号在酷小宝手心写了“69”。

kù xiǎo bǎo kāi xīn de shuō xióng èr zhēn bàng ò bú
酷小宝开心地说：“熊二真棒！哦——不
shì shì xióng hào zhēn bàng
是，是熊2号真棒！”

xióng hào kāi xīn jí le tā zǒu dào mén qián zài sān shí
熊2号开心极了，他走到门前，在“三十
wǔ shàng miàn xiě xià zài liù shí jiǔ xià miàn xiě xià
五”上面写下“35”，在“六十九”下面写下
zhè liǎng gè shù shang fēn bié shǎn chū yí gè
“69”。这两个数上分别闪出一个“√”。

méng xiǎo bèi zǒu shàng qián shuō xióng hào zhè ge ràng wǒ
萌小贝走上前，说：“熊2号，这个让我
lái xiě ba yì bǎi shì zuì xiǎo de sān wèi shù gè shí bǎi wèi
来写吧。一百，是最小的三位数，10个十。百位
shang shì shí wèi hé gè wèi shang dōu shì
上是1，十位和个位上都是0。”

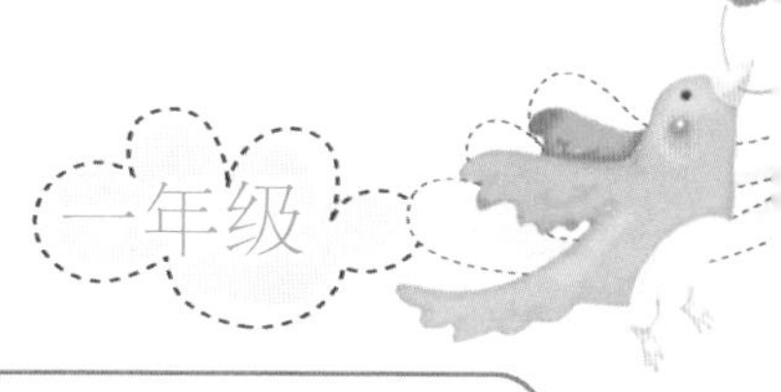

shuō zhe méng xiǎo bèi zài yì bǎi shàng miàn xiě xià le
说着，萌小贝在“一百”上面写下了“100”。

xióng hào kàn méng xiǎo bèi xiě wán shuō āi yō kuī wǒ gāng cái méi xiě yào bù dà jiā hái děi wén chòu wèi
熊2号看萌小贝写完，说：“哎哟！亏我刚才没写，要不大家还得闻臭味。”

miāo māo jiào le yì shēng shuō hòu miàn de wǒ lái xiě shàng qián zài bā shí èr shàng miàn xiě le zài jiǔ shí shàng miàn xiě le
“喵——”猫叫了一声，说：“后面的我来写！”上前在“八十二”上面写了“82”，在“九十”上面写了“910”。

kuāng dāng yì shēng xiǎo xiǎo de sān jiǎo xíng kōng jiān xiàng xià chén le yì xiē dà jiā chà diǎnr shuāi dǎo
“哐当”一声，小小的三角形空间向下沉了一些，大家差点儿摔倒。

tù xiǎo jiě shuō āi yā yǐ jīng chéng fá liǎng cì le zài cuò yí cì wǒ men kě děi huí dào qǐ diǎn le dà jiā dōu xiǎo xīn diǎnr xiǎng hǎo le zài zuò ya
兔小姐说：“哎呀！已经惩罚两次了！再错一次我们可得回到起点了！大家都小心点儿，想好了再做呀！”

kù xiǎo bǎo mō mo māo de bèi ān wèi shuō méi shì xià cì xiǎng hǎo zài xiě bú què dìng de qíng kuàng xià kě yǐ wèn wen dà jiā de
酷小宝摸摸猫的背，安慰说：“没事，下次想好再写。不确定的情况下可以问问大家的

意见。你看，九十，就是说十位上是9，个位上一个单位也没有，就写数字0。”

肥公鸡说：“我来写最后一个吧。二十二，就是说十位和个位都是写数字2，对吗？”

酷小宝和萌小贝点点头说：“对！放心写上去吧！”

肥公鸡在“二十二”上面写下“22”，橙色的门上发出橙色的光和香甜的蜂蜜味道，门慢慢地打开了。

dà zuǐ guài zhāng kǒu chī dà shù

大嘴怪 张口吃大数

dà jiā jìn rù xià yì guān zhè shì yí gè hěn kāi kuò de kōng
大家进入下一关，这是一个很开阔的空
jiān dàn shì qiáng shang yí shàn mén dōu méi yǒu
间，但是，墙上一扇门都没有。

méi yǒu mén wǒ men zěn me guò guān ne méng xiǎo bèi yí huò
“没有门，我们怎么过关呢？”萌小贝疑惑
de wèn
地问。

tù xiǎo jiě shuō qiáng shang yǒu yí shàn yǐn cáng de mén dàn
兔小姐说：“墙上有一扇隐藏的门。但
shì yào kàn wǒ men de biǎo xiàn rú guǒ biǎo xiàn hǎo yǐn cáng de mén
是，要看我们的表现，如果表现好，隐藏的门
zì rán huì dǎ kāi
自然会打开。”

rú guǒ biǎo xiàn bù hǎo ne féi gōng jī wèn
“如果表现不好呢？”肥公鸡问。

huì bèi chéng fá huò zhě huí dào qǐ diǎn kù xiǎo bǎo huí dá dào
“会被惩罚，或者回到起点。”酷小宝回答道。

nǐ zěn me zhī dào māo wèn
“你怎么知道？”猫问。

méng xiǎo bèi shuō guī ju zhè hái bù míng bǎi zhe ma
萌小贝说：“规矩。这还不明摆着吗？”

dà jiā zhèng zài tǎo lùn mí gōng wū dǐng shang diào xià yí gè
大家正在讨论，迷宫屋顶上掉下一个

zhāng zhe dà zuǐ ba de guài wu bǎ dà jiā xià shǎ le
张着大嘴巴的怪物，把大家吓傻了。

dà guài wu zhǎng zhe yuán yuán de lǜ shēn tǐ xuè hóng sè de dà
大怪物长着圆圆的绿身体、血红色的大

zuǐ ba hēi yǎn zhū fěn sè de yǎn pí chuān zhe zǐ sè de xuē zi
嘴巴、黑眼珠、粉色的眼皮，穿着紫色的靴子，

yì shuāng lán sè de xiǎo duǎn tuǐ zhè shì shén me guài wu ne
一双蓝色的小短腿。这是什么怪物呢？

nǐ men hǎo ya dà zuǐ guài shuō huà le wǒ zhè lǐ yǒu
“你们好呀！”大嘴怪说话了，“我这里有

jǐ gè shù nǐ men xǐ huan nǎ ge jiù xuǎn nǎ yí gè ba
几个数，你们喜欢哪个就选哪一个吧！”

shuō zhe
说着，

cóng dà zuǐ
从大嘴

guài zuǐ li fēi
怪嘴里飞

chu lai jǐ gè
出来几个

shǎn zhe yíng
闪着荧

guāng de shù
光的数：

11，9，49，

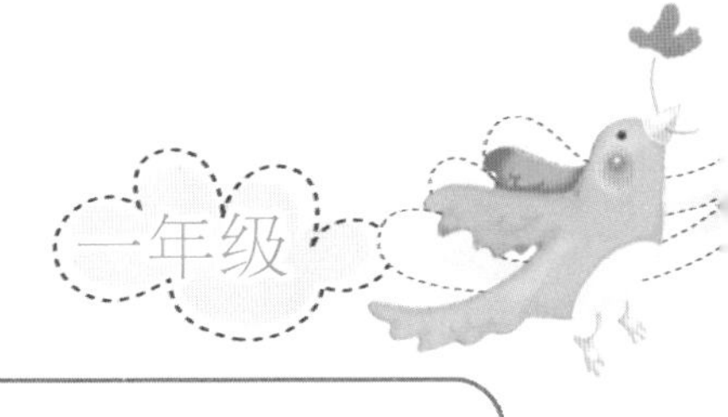

80，36，58，99，100，9。

māo hé liǎng zhī mì fēng féi gōng jī de sù dù kuài fēn bié xuǎn
猫和两只蜜蜂、肥公鸡的速度快，分别选

zǒu le
走了100，99，80，58。

jīng jing hé líng ling qiāo qiāo gào su kù xiǎo bǎo hé méng xiǎo bèi
晶晶和灵灵悄悄告诉酷小宝和萌小贝：

dà zuǐ guài zhuān ài chī dà shù bú guò bèi chī diào yě méi guān xì
大嘴怪专爱吃大数。不过被吃掉也没关系，

dào zuì hòu bèi chī diào de dōu huì bèi háo fà wú sǔn de tǔ chu lai
到最后，被吃掉的都会被毫发无损地吐出来。

kù xiǎo bǎo hé méng xiǎo bèi zhī dào jiē xià lái de rèn wu hái xū
酷小宝和萌小贝知道接下来的任务还需

yào tā liǎ lái wán chéng yú shì dōu xuǎn zé le shù zì
要他俩来完成，于是都选择了数字9。

xióng hào xuǎn le hú dié xuǎn le zuì hòu tù xiǎo jiě
熊2号选了49，蝴蝶选了36，最后，兔小姐

xuǎn le
选了11。

dà zuǐ guài jiàn dà jiā dōu xuǎn wán le xiào hē hē de ràng liǎng
大嘴怪见大家都选完了，笑呵呵地让两

zhī mì fēng zhàn hǎo fēn bié xuǎn le hé de liǎng zhī mì fēng àn
只蜜蜂站好，分别选了99和80的两只蜜蜂按

dà zuǐ guài de fēn fù zhàn hǎo hòu dà zuǐ guài yí xià zi tiào dào le
大嘴怪的吩咐站好后，大嘴怪一下子跳到了

liǎng zhī mì fēng zhōng jiān dà zuǐ cháo zhe xuǎn le de mì fēng yí
两只蜜蜂中间，大嘴朝着选了99的蜜蜂，一

xià zi jiù bǎ mì fēng tūn dào le dù zi li rán hòu dà zuǐ guài
下子就把蜜蜂99吞到了肚子里。然后，大嘴怪
ràng māo zhàn dào gāng cái mì fēng zhàn de wèi zhì
让猫站到刚才蜜蜂99站的位置。

蜜蜂99  蜜蜂80

māo xià de zhí duō suo shuō wǒ xiǎng zhàn yòu bian yīn wèi
猫吓得直哆嗦，说：“我想站右边。”因为
gāng gāng mì fēng zhàn zài le zuǒ bian māo bù xiǎng zhàn zuǒ bian
刚刚蜜蜂99站在了左边，猫不想站左边。

dà zuǐ guài diǎn dian tóu mì fēng kàng yì dào wǒ yě bù
大嘴怪点点头，蜜蜂80抗议道：“我也不
xiǎng zhàn zuǒ bian
想站左边！”

dà zuǐ guài yáo yao tóu mì fēng bù gǎn kēng shēng le guāi
大嘴怪摇摇头，蜜蜂80不敢吭声了，乖
guāi de zhàn zài le zuǒ bian
乖地站在了左边。

dà zuǐ guài tiào dào māo hé mì fēng zhōng jiān dà zuǐ ba yì
大嘴怪跳到猫和蜜蜂80中间，大嘴巴一
zhāng cháo yòu bian bǎ māo gěi chī diào le yīn wèi māo xuǎn de shì
张，朝右边把猫给吃掉了。因为猫选的是

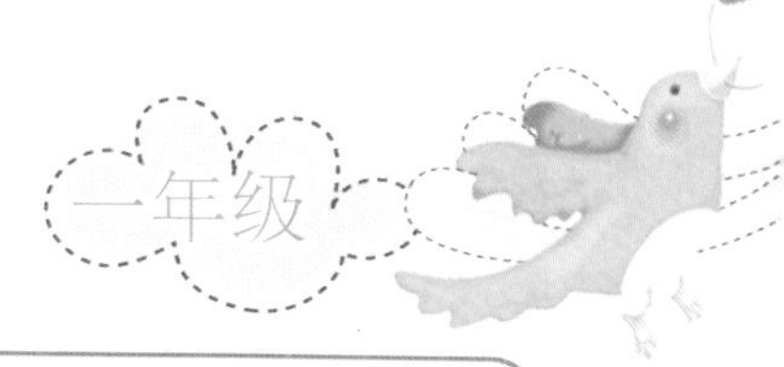

100，大嘴怪只吃大数，无论站到哪面，100都比80大。

蜜蜂80  猫100

酷小宝和萌小贝一下子明白了：这大嘴怪就是“>”和“<”的合体呀！

接着，大嘴怪吃掉了蜜蜂80、肥公鸡、熊2号、蝴蝶、兔小姐。剩下酷小宝和萌小贝时，大嘴怪站到两个9中间，向左张张口，不能吃；向右张张口，也不能吃。酷小宝和萌小贝嘻嘻笑大嘴怪，大嘴怪朝左，朝右，朝左，朝右…… 一会儿变成了两个大嘴怪，一个朝左，一个朝右，然后，两个大嘴怪的两个大嘴巴慢慢变形，变成了一个“=”，接着，两只蜜蜂、猫、熊2号、蝴蝶、兔小姐、肥公鸡一个个地从大嘴怪的嘴里跑了出来。

萌小贝9 酷小宝9

dà jiā yōng bào zài yì qǐ dà zuǐ guài ne biàn chéng le yí
大家拥抱在一起。大嘴怪呢？变成了一

shàn mén fēi dào qiáng shang qù le
扇门，飞到墙上去了。

mén màn màn dǎ kāi le dà jiā dōu huān hū qi lai
门慢慢打开了，大家都欢呼起来！

huā duǒ li pēn chū fēng mì quán

花朵里喷出蜂蜜泉

dà jiā jìn rù xià yì guān zhè yì guān li yǒu yí dào fěn sè de huā duǒ mén méng xiǎo bèi zuì xǐ huan fěn sè zǒu shàng qián yòng shǒu zhǐ chù le yí xià mén mén shang zhǎng chū sān duǒ huā lái měi duǒ huā xīn lǐ dōu yǒu yí gè shù fēn bié shì

大家进入下一关，这一关里有一道粉色的花朵门。萌小贝最喜欢粉色，走上前，用手指触了一下门，门上长出三朵花来，每朵花心里都有一个数，分别是26，63，99。

yā hǎo piào liang de huā bú huì shì ràng wǒ men zài shàng miàn cǎi mì ba liǎng zhī mì fēng shuō

“呀！好漂亮的花！不会是让我们在上面采蜜吧？”两只蜜蜂说。

huò zhě shì ràng wǒ zài huā bàn shang tiào wǔ hú dié wèn

“或者，是让我在花瓣上跳舞？”蝴蝶问。

cāi cāi cāi kuài lái cāi cāi duì yǒu jiǎng lì mén tū rán shuō huà le cāi duì chī fēng mì

“猜猜猜，快来猜！猜对有奖励！”门突然说话了，“猜对吃蜂蜜！”

wǒ lái cāi wǒ lái cāi liù gè xióng hái zi bù guǎn shì biàn chéng le māo de xióng hào biàn chéng hú dié de xióng hào hái

“我来猜！我来猜！”六个熊孩子，不管是变成了猫的熊1号、变成蝴蝶的熊3号，还

shi biàn chéng féi gōng jī de xióng hào hé biàn chéng mì fēng de xióng
是变成肥公鸡的熊5号和变成蜜蜂的熊4
hào xióng hào tīng dào fēng mì dōu zhēng xiān kǒng hòu de wǎng qián jǐ
号、熊6号，听到蜂蜜都争先恐后地往前挤。

kù xiǎo bǎo shuō méng xiǎo bèi bǎ jī huì ràng gěi tā men ba
酷小宝说：“萌小贝，把机会让给他们吧！
nǐ men àn cóng dà dào xiǎo de shùn xù pái hǎo duì yí gè gè lái
你们按从大到小的顺序排好队！一个个来！”

biàn chéng māo de xióng hào dé yì yáng yáng de pái le dì yī
变成猫的熊1号得意扬扬地排了第一
míng zhàn zài le fěn sè mén qián
名，站在了粉色门前。

fěn sè mén shuō qǐng tīng zǐ xì qǐng tīng hǎo dòng dong nǎo jīn
粉色门说：“请听仔细请听好，动动脑筋
lái sī kǎo ruò shì cū xīn dá cuò le fēng mì méi yǒu quán tou dào
来思考，若是粗心答错了，蜂蜜没有拳头到！”

māo yì tīng quán
猫一听“拳
tou xià de dǎ le
头”，吓得打了
gè duō suo dàn yǐ
个哆嗦，但已
jīng zhàn zài zhèr le
经站在这儿了，
zhǐ hǎo yìng zhe tóu pí tīng tí
只好硬着头皮听题。

fěn sè mén shuō bǐ xiǎo
粉色门说：“比71小

yì xiē shì nǎ ge shù ne
一些，是哪个数呢？”

māo tīng dào xiǎo zì yòu kàn kan sān gè
猫听到“小”字，又看看“26，63，99”三个

shù shuō
数，说：“26！”

pēng huā duǒ tū rán zhǎng chū yí gè quán tou yì
“嘭——”花朵26突然长出一个拳头，一

quán bǎ māo dǎ le gè sì jiǎo cháo tiān
拳把猫打了个四脚朝天。

māo bù jiě de wèn bú shì zuì xiǎo de ma
猫不解地问：“26不是最小的吗？”

kù xiǎo bǎo shuō āi yā xióng hào ràng wǒ shuō nǐ shén me
酷小宝说：“哎呀，熊1号，让我说你什么

hǎo bú shì zuì xiǎo shì bǐ xiǎo yì xiē ya bǐ dà suǒ
好！不是最小，是比71小一些呀！99比71大，所

yǐ bú shì bǐ xiǎo de duō cái shì bǐ xiǎo yì xiē
以，不是99。26比71小得多，63才是比71小一些

de shù
的数！”

māo zhàn qi lai yáo yao wěi ba bù hǎo yì si de shuō wǒ
猫站起来，摇摇尾巴，不好意思地说：“我

zhǐ tīng dào le xiǎo zì
只听到了‘小’字。”

lún dào xióng hào le fěn sè mén shuō gēn chà bu duō
轮到熊2号了，粉色门说：“跟100差不多

de shù shì nǎ ge shù
的数是哪个数？”

xióng hào xiǎng zài jiā jiù shì suǒ yǐ yīng gāi shì
熊2号想：99再加1就是100，所以，应该是
yú shì dà shēng huí dá
99。于是，大声回答：“99！”

xióng hào shuō wán huā duǒ li fēi chū yì dī fēng mì luò
熊2号说完，花朵99里飞出一滴蜂蜜，落
dào le xióng hào zuǐ li
到了熊2号嘴里。

jiù yì dī ya xióng hào shī wàng de shuō
“就一滴呀？”熊2号失望地说。

lún dào biàn chéng hú dié de xióng hào le tā shuō hā hā
轮到变成蝴蝶的熊3号了，他说：“哈哈，
yì dī yě bǐ ái quán tou qiáng yì dī fēng mì jiù néng ràng wǒ chī bǎo
一滴也比挨拳头强！一滴蜂蜜就能让我吃饱
le
了！”

fěn sè mén shuō bǐ duō yì xiē de shù shì nǎ yí gè
粉色门说：“比20多一些的数是哪一个？”

xióng hào kàn kan sān gè shù dōu bǐ duō dào dǐ gāi xuǎn nǎ
熊3号看看三个数都比20多，到底该选哪
yí gè ne tā bù jí zhe huí dá ér shì dòng nǎo jīn sī kǎo rú guǒ
一个呢？他不急着回答，而是动脑筋思考：如果
wǒ yǒu kuài fēng mì táng xióng hào yǒu kuài tā jiù bǐ wǒ duō
我有20块蜂蜜糖，熊1号有26块，他就比我多
yì xiē xióng hào yǒu kuài tā jiù bǐ wǒ duō duō kuài nà kě
一些。熊2号有63块，他就比我多40多块，那可
bǐ wǒ duō de duō xióng hào yào shi yǒu kuài de huà tā jiù gèng
比我多得多！熊5号要是有99块的话，他就更

比我多得多了。应该是26。

熊3号大声说:“26比20多一些!”

熊3号刚刚说完,一大滴蜂蜜从花朵26里飞出来。

“哦,不!”变成蝴蝶的熊3号差点儿被这一大滴蜂蜜给打到地上。对于一只熊来说,一大滴蜂蜜都尝不出甜味来。可对于一只蝴蝶来说,这一大滴蜂蜜简直就像天上掉下个大石头。

轮到变成蜜蜂的熊4号了,他“嗡——”一声飞到了最后,说:“我弃权,让给熊5号吧!”

变成肥公鸡的熊5号一摇一摆地走到粉色门前,粉色门问:“比69少得多的是哪个数?”

肥公鸡想了想,答道:“比69少得多的数

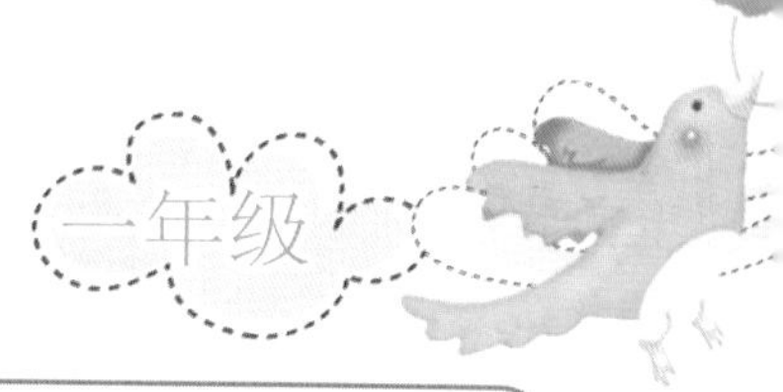

是26。因为，99比69多，63比69少一些，只有26比69少得多。”

粉色门说：“回答得非常完美，奖励蜂蜜泉！”接着，“哗——”，花朵26像喷泉一样，喷出一股香香甜甜的蜂蜜泉来，浇了肥公鸡一身蜂蜜。

“喔！喔！喔——”肥公鸡一下跳了起来。

“哇——蜂蜜！”熊2号和变成其他动物的熊孩子们开心地扑向蜂蜜泉。哈哈，变成蝴蝶的熊3号除外。

zǐ sè mén sòng chū zhēn zhū xiàng liàn
紫色门送出珍珠项链

kù xiǎo bǎo dài lǐng dà jiā zǒu jìn xià yì guān zhè yì guān yǒu hóng chéng huáng lǜ qīng lán zǐ qī shàn mén

酷小宝带领大家走进下一关，这一关有红、橙、黄、绿、青、蓝、紫七扇门。

tù xiǎo jiě shuō hái shi xuǎn nǎ shàn mén dōu yí yàng dōu kě yǐ jìn rù xià yì guān dàn měi shàn mén shang de tí bù yí yàng

兔小姐说：“还是选哪扇门都一样，都可以进入下一关，但每扇门上的题不一样。”

méng xiǎo bèi shuō xuǎn fěn sè ba wǒ zuì xǐ huan fěn sè

萌小贝说：“选粉色吧，我最喜欢粉色！”

kù xiǎo bǎo shuō xuǎn lán sè ba shàng yì guān jiù shì fěn sè

酷小宝说：“选蓝色吧，上一关就是粉色。”

xióng hào shuō xuǎn chéng sè ba

熊2号说：“选橙色吧。”

fěn sè ba

“粉色吧！”

lán sè ba

“蓝色吧！”

chéng sè ba

“橙色吧！”

……

bié zhēng le zǐ sè mén yǐ jīng qǐ dòng le tù xiǎo jiě shuō
“别争了，紫色门已经启动了。”兔小姐说。

yuán lái dà jiā zhēng lùn shí jīng jing fēi chū kù xiǎo bǎo de ěr
原来，大家争论时，晶晶飞出酷小宝的耳

duo chù dòng le zǐ sè mén
朵，触动了紫色门。

jīng jing shuō shì jiè shì wǔ cǎi bīn fēn de nǐ men zǒng shì
晶晶说：“世界是五彩缤纷的。你们总是

xuǎn fěn sè lán sè jiù bù jué de fán ma
选粉色、蓝色，就不觉得烦吗？”

zǐ sè mén fā chū dàn dàn de yíng guāng kàn shang qu zhēn de hěn
紫色门发出淡淡的荧光，看上去真的很

piào liang kù xiǎo bǎo tā men wéi zhe zǐ sè mén kàn tā shàng miàn chū
漂亮。酷小宝他们围着紫色门，看它上面出

xiàn le yí dào shù xué tí
现了一道数学题：

zhè lǐ yǒu kē zhū zi měi kē chuān yí chuàn xiàng liàn
这里有85颗珠子，每10颗穿一串项链，

néng chuān jǐ chuàn
能穿几串？

méng xiǎo bèi kàn le kàn tí mù shuō zhè ge jiǎn dān na měi
萌小贝看了看题目说：“这个简单哪。每

kē yí chuàn lǐ miàn yǒu gè shí gè yī suǒ yǐ néng
10颗一串，85里面有8个十、5个一，所以能

chuān chuàn hái shèng kē
穿8串，还剩5颗。”

kù xiǎo bǎo shuō zhè shì zhèng qiǎo kē yí chuàn wǒ men zhǐ
酷小宝说：“这是正巧10颗一串，我们只

要看看里面有几个十就行了。另外，也可以用圈一圈的方法来解决。谁想来圈圈看，我把水晶笔借给他？”

兔小姐说：“能让我来试试吗？”

“当然可以！”酷小宝把水晶笔给了兔小姐。

兔小姐数10颗，圈起来，再数10颗，再圈起来……

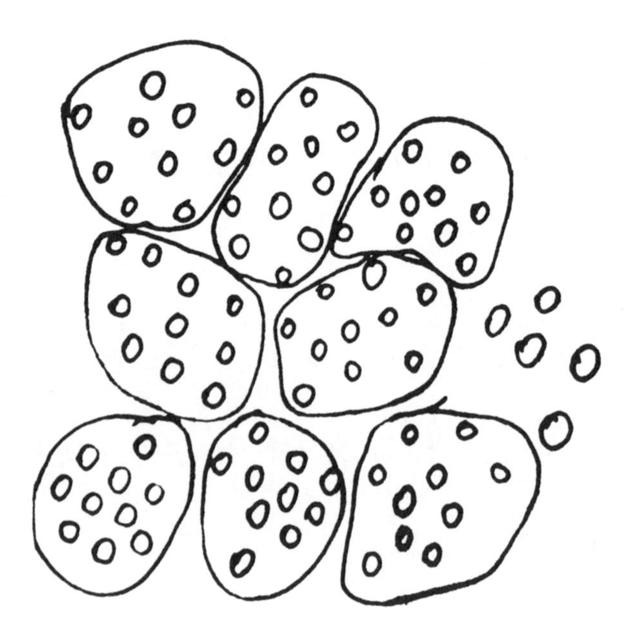

最后剩下5颗，不够穿一串了。大家一起数：1，2，3，4，5，6，7，8。一共圈了8个10，可以穿8串。

萌小贝说：“遇到这样的题，除了可以圈一圈，还可以算一算。每10颗一串，所以，从85里面，连续减10。”说完，萌小贝拿出水晶笔，在紫色门上写道：

$$85 \xrightarrow{-10} 75 \xrightarrow{-10} 65 \xrightarrow{-10} 55 \xrightarrow{-10} 45 \xrightarrow{-10} 35 \xrightarrow{-10} 25 \xrightarrow{-10} 15 \xrightarrow{-10} 5$$

萌小贝说：“大家看，减到最后，剩5，不够10，就算减完了。我们一起来数一数，一共减了几次10？”

“1，2，3，4，5，6，7，8，一共减了8个10，可以穿8串。”

大家的话音刚落，紫色门上被圈起来的

zhēn zhū dòng le qǐ lái bèi yì tiáo bái sè de xì shéng yì kē kē chuān
珍珠动了起来，被一条白色的细绳一颗颗穿

le qǐ lái
了起来。

yí gòng chuàn zhēn zhū xiàng liàn cóng zǐ sè mén shang fēi xia
一共8串珍珠项链，从紫色门上飞下

lai shèng xià de kē zhēn zhū biàn chéng le dǎ kāi zǐ sè mén de mì
来。剩下的5颗珍珠，变成了打开紫色门的密

mǎ
码。

kù xiǎo bǎo bǎ zhēn zhū xiàng liàn sòng gěi tù xiǎo jiě yí chuàn gěi
酷小宝把珍珠项链送给兔小姐一串，给

méng xiǎo bèi yí chuàn tù xiǎo jiě shuō shēng xiè xie kāi xīn de dài
萌小贝一串。兔小姐说声“谢谢”，开心地戴

zài le bó zi shang méng xiǎo bèi bǎi bai shǒu shuō wǒ bù xǐ huan
在了脖子上。萌小贝摆摆手说：“我不喜欢

dài shǒu shì zán men huí qù sòng gěi zōng xióng tài tai yí chuàn shèng xià
戴首饰。咱们回去送给棕熊太太一串，剩下

de sòng gěi nǎi nai hé mā ma ba
的送给奶奶和妈妈吧！”

xióng hái zi men yě dōu shuō wǒ men yě bù xǐ huan xiàng
熊孩子们也都说：“我们也不喜欢项

liàn
链。”

zǐ sè mén dǎ kāi le kù xiǎo bǎo bǎ xiàng liàn shōu hǎo
紫色门打开了，酷小宝把项链收好，

shuō huǒ bàn men zán men qù xià yì guān
说：“伙伴们，咱们去下一关！”

fēi yuè huǒ hǎi

飞越火海

jìn rù xīn de yì guān dà jiā dōu hěn qī dài jiē xià lái huì fā shēng shén me shén qí de shì qing

进入新的一关，大家都很期待接下来会发生什么神奇的事情。

zhè yì guān zhǐ yǒu yí shàn mén ér qiě mén shì kāi zhe de dà jiā wǎng mén wài yí kàn xià le yì shēn lěng hàn mén wài jiǎn zhí shì huǒ hǎi ya zhè kě zěn me guò qù

这一关只有一扇门，而且门是开着的。大家往门外一看，吓了一身冷汗：门外简直是火海呀！这可怎么过去？

dà jiā zhèng fàn nán shí cóng dì shang zhǎng chū yí gè yuán pán yuán pán shang yǒu qī duì jié bái de chì bǎng biǎo shì yí duì chì bǎng

大家正犯难时，从地上长出一个圆盘，圆盘上有七对洁白的翅膀。（○表示一对翅膀）

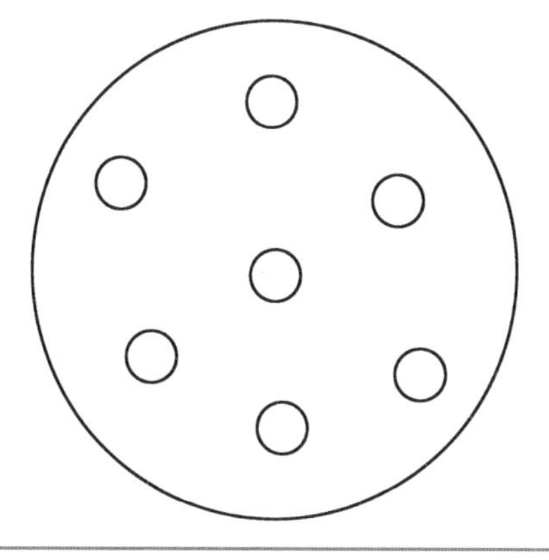

dà jiā zhèng mí huò bù jiě shí yuán pán shuō huà le qiē sān
大家正迷惑不解时，圆盘说话了："切三
dāo fēn chéng qī fèn shǐ měi fèn dōu yǒu yí duì chì bǎng
刀，分成七份，使每份都有一对翅膀。"

shuā yì bǎ shuǐ guǒ dāo cóng shàng miàn luò xia lai zhèng qiǎo
"唰！"一把水果刀从上面落下来，正巧
zhā zài yuán pán shang bǎ dà jiā xià le yí tiào
扎在圆盘上，把大家吓了一跳。

sān dāo qī fèn xióng hào shǎ yǎn le shuō wǒ kě zuò
"三刀？七份？"熊2号傻眼了，说，"我可做
bu dào
不到！"

méng xiǎo bèi shuō zhè ge rèn wu jiāo gěi wǒ ba
萌小贝说："这个任务交给我吧！"

méng xiǎo bèi ná qǐ shuǐ guǒ dāo gāng yào qiē yuán pán yòu shuō huà
萌小贝拿起水果刀，刚要切，圆盘又说话
le xiǎng hǎo le zài dòng shǒu cuò le kě yào huí dào qǐ diǎn le
了："想好了再动手，错了可要回到起点了！"

xióng hào xī xī xiào zhe shuō huí qǐ diǎn wǒ bú pà jiù pà
熊2号嘻嘻笑着说："回起点我不怕，就怕
diào huǒ hǎi li
掉火海里！"

yuán pán hēi hēi xiào le liǎng shēng cuò le bú yòng huí qǐ
圆盘"嘿嘿"笑了两声："错了不用回起
diǎn le xià huǒ hǎi
点了，下火海！"

ā ā ā xióng hào jiào zhe tiào qi lai yuán
"啊！啊！啊——"熊2号叫着跳起来。原

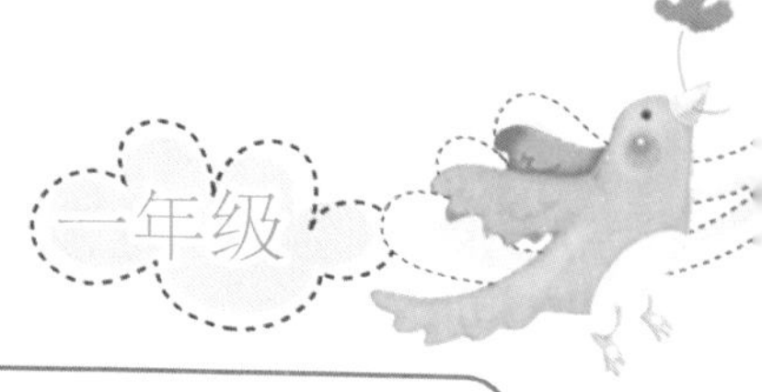

lái liǎng zhī mì fēng zhā le tā yí xià shuō zài ràng nǐ duō zuǐ
来，两只蜜蜂扎了他一下，说："再让你多嘴！"

féi gōng jī zhuó le xióng hào yí xià māo zhuā le tā yí xià
肥公鸡啄了熊2号一下，猫抓了他一下。

tù xiǎo jiě xià de hàn zhū wǎng xià dī
兔小姐吓得汗珠往下滴。

kù xiǎo bǎo shuō dà jiā bié dān yōu le xiāng xìn méng xiǎo bèi
酷小宝说："大家别担忧了，相信萌小贝

ba zhè yàng de tí tā zuò de duō la
吧！这样的题她做得多啦！"

méng xiǎo bèi tiáo pí yí xiào bàn gè guǐ liǎn shuō kàn wǒ de
萌小贝调皮一笑，扮个鬼脸，说："看我的

ba yào jì de gǎn xiè wǒ o
吧！要记得感谢我哦！"

méng xiǎo bèi ná qǐ shuǐ guǒ dāo lì suo de zài yuán pán shang huà
萌小贝拿起水果刀，利索地在圆盘上画

le sān xià
了三下。

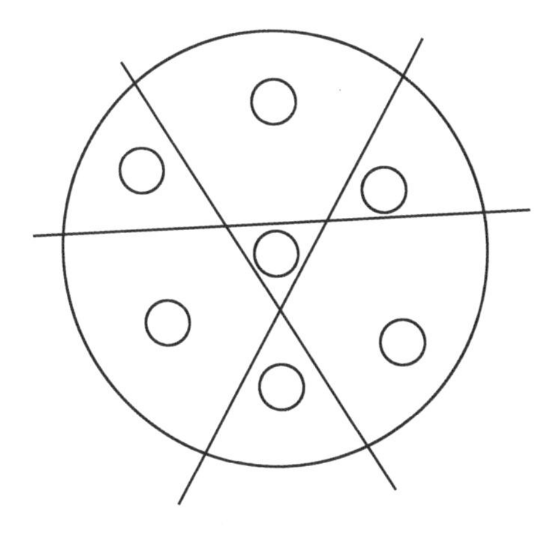

yuán pán bèi qiē kāi de shùn jiān qī duì chì bǎng fēi le qǐ lái
圆盘被切开的瞬间，七对翅膀飞了起来，
màn màn biàn dà fēi dào dà jiā bèi shang
慢慢变大，飞到大家背上。

kù xiǎo bǎo méng xiǎo bèi tù xiǎo jiě xióng hào māo féi
酷小宝、萌小贝、兔小姐、熊2号、猫、肥
gōng jī dōu yǒu le chì bǎng kě yǐ fēi guò huǒ hǎi le hú dié hé
公鸡，都有了翅膀，可以飞过火海了。蝴蝶和
liǎng zhī mì fēng běn lái jiù yǒu chì bǎng dàn shì kàn zhe huǒ hǎi xióng
两只蜜蜂本来就有翅膀，但是，看着火海熊
xióng rán shāo de dà huǒ hái shi hěn hài pà
熊燃烧的大火，还是很害怕。

shèng xià de yí duì chì bǎng zài kōng zhōng shàng xià fēi wǔ kù
剩下的一对翅膀在空中上下飞舞，酷
xiǎo bǎo shuō xióng hào xióng hào xióng hào nǐ men sān gè kě
小宝说：“熊3号、熊4号、熊6号，你们三个可
yǐ pā zài zhè yí duì chì bǎng shang guò huǒ hǎi
以趴在这一对翅膀上过火海。”

biàn chéng hú dié de xióng hào hé biàn chéng mì fēng de xióng
变成蝴蝶的熊3号和变成蜜蜂的熊4
hào xióng hào pā dào shèng xià de nà duì chì bǎng shàng miàn
号、熊6号趴到剩下的那对翅膀上面。

dà jiā pū pu chì bǎng fēi dào huǒ hǎi shàng miàn hā yì diǎnr
大家扑扑翅膀，飞到火海上面。哈！一点
dōu méi gǎn jué dào rè hái hěn liáng kuai ne
儿都没感觉到热，还很凉快呢！

tù xiǎo jiě shuō gēn zhe nǐ men yì qǐ chuǎng guān zhēn hǎo
兔小姐说：“跟着你们一起闯关真好

wán kù xiǎo bǎo méng xiǎo bèi wǒ tài pèi fú nǐ men liǎ le
玩！酷小宝，萌小贝，我太佩服你们俩了！”

kù xiǎo bǎo hé méng xiǎo bèi tīng le tù xiǎo jiě de huà kāi xīn bù yǐ
酷小宝和萌小贝听了兔小姐的话，开心不已。

dà jiā hěn kuài fēi yuè huǒ hǎi gāng gāng jiàng luò dào dì miàn chì bǎng cóng shēn shang fēi xia lai fēi rù huǒ hǎi huǒ hǎi hěn kuài jiù xī miè le dà huǒ xī miè hòu jìng rán zhǎng chū le lǜ yóu yóu de xiǎo cǎo
大家很快飞越火海，刚刚降落到地面，翅膀从身上飞下来，飞入火海，火海很快就熄灭了。大火熄灭后，竟然长出了绿油油的小草。

jù mù tou de lán pí shǔ

锯木头的蓝皮鼠

dà jiā fēi yuè le huǒ hǎi gèng shì qī dài xià yì guān yīn wèi tā men gǎn jué zhǐ yào kù xiǎo bǎo hé méng xiǎo bèi zài shēn biān jiù bú pà guò bu liǎo guān

大家飞越了火海，更是期待下一关，因为他们感觉，只要酷小宝和萌小贝在身边，就不怕过不了关。

dà jiā zǒu jìn xīn de kōng jiān chī chī chī shì jù mù tou de shēng yīn yì zhī lán pí shǔ zhèng ná zhe jù zi jù mù tou

大家走进新的空间，“哧哧哧——”，是锯木头的声音，一只蓝皮鼠正拿着锯子锯木头。

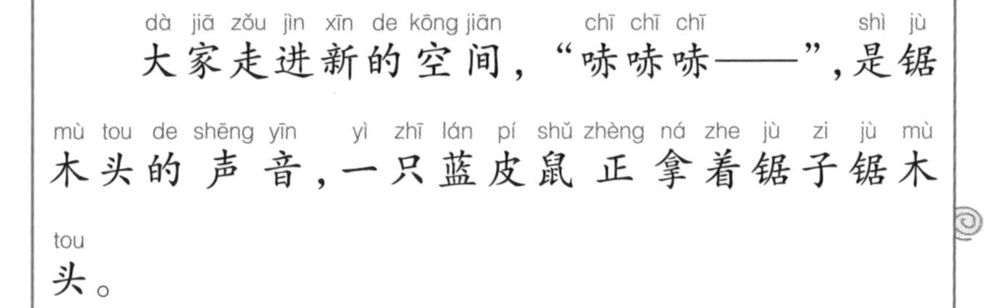

dà jiā zǒu shàng qián gēn lán pí shǔ dǎ zhāo hu lán pí shǔ yì biān lǐ mào de gēn dà jiā dǎ le gè zhāo hu yì biān réng bù tíng de jù zhe mù tou kě shì dà jiā kàn dào tā bǎ yí duàn mù tou jù xia lai hòu jù zi gāng yì lí kāi mù tou yòu chóng xīn zhǎng le huí qù

大家走上前，跟蓝皮鼠打招呼。蓝皮鼠一边礼貌地跟大家打了个招呼，一边仍不停地锯着木头。可是，大家看到他把一段木头锯下来后，锯子刚一离开，木头又重新长了回去。

zhè shén me shí hou cái néng jù wán na méng xiǎo bèi wèn

“这什么时候才能锯完哪？”萌小贝问。

lán pí shǔ yòu bǎ jù zi fàng dào yuán lái de wèi zhì yì biān
蓝皮鼠又把锯子放到原来的位置，一边
yòng lì de jù yì biān huí dá yīn wèi wǒ suàn bu chū shí jiān suǒ
用力地锯，一边回答：“因为我算不出时间，所
yǐ mù tou huì bù tíng de bèi wǒ jù xia lai zài zhǎng hui qu
以木头会不停地被我锯下来再长回去。”

shén me shí jiān ne kù xiǎo bǎo wèn
“什么时间呢？”酷小宝问。

lán pí shǔ cā bǎ hàn biān jù mù tou biān shuō shì zhè yàng
蓝皮鼠擦把汗，边锯木头边说：“是这样
de wǒ jù xià yí duàn mù tou xū yào fēn zhōng yào bǎ zhè gēn mù
的。我锯下一段木头需要2分钟。要把这根木
tou jù chéng duàn yí gòng xū yào jǐ fēn zhōng wǒ suàn lái suàn qù
头锯成4段，一共需要几分钟？我算来算去，
dōu shì xū yào fēn zhōng a
2+2+2+2，都是需要8分钟啊！”

lán pí shǔ shuō wán
蓝皮鼠说完，
zhèng qiǎo mù tou bèi jù xià
正巧木头被锯下
yí duàn
一段。

kù xiǎo bǎo
酷小宝
shuō nǐ xiān bié
说：“你先别
jù le nǐ kàn gāng gāng
锯了。你看，刚刚

你锯了一次，木头变成了几段？”

蓝皮鼠看了看，被锯下的木头已经又长了回去。他歪着脑袋想了想，说：“2段，但它又长回去了！”

萌小贝说：“对呀！你看，锯一次就变成了2段。那么，你锯两次会变成几段呢？”

熊2号抢答道：“锯两次会变成3段！”

猫说：“锯3次会变成4段！”

兔小姐说：“所以，要锯成4段，只要锯3次就可以了。”

酷小宝接着总结：“也就是说，锯的次数比段数少1，段数比次数多1。”

蓝皮鼠一下子明白过来了，说：“哦——我明白了！我只需要锯3次，也就是需要3个2分

钟，所以，应该是2＋2＋2＝6（分）。”

“耶！完全正确！”萌小贝说。大家朝蓝皮鼠伸出大拇指。

“哧哧哧！”蓝皮鼠欢快地锯起木头，这次，被锯下来的木头没有再长回去。蓝皮鼠很快就把木头锯好了，他站起来，说：“谢谢你们！过了这关就是出口了，祝你们好运！”

酷小宝问：“你是说，过了这关就可以见到数学仙了吗？”

蓝皮鼠说：“对，而且，我相信这关对于你们来说非常简单！”

酷小宝谢过蓝皮鼠。蓝皮鼠把4段木头装上小推车，推着木头离开了。

酷小宝和萌小贝带领大家走到这一关的

cǎi hóng mén qián cǎi hóng mén shang yǒu yí dào tí zhè shàn mén tōng xiàng
彩虹门前，彩虹门上有一道题：这扇门通向
chū kǒu xū yào pá dào lóu pá yì céng lóu tī xū yào nián shí
出口，需要爬到5楼，爬一层楼梯需要2年时
jiān pá dào lóu xū yào nián tí shì rú guǒ huí dá zhèng
间，爬到5楼需要(　　)年？（提示：如果回答正
què kě yǐ chéng zuò diàn tī yì miǎo zhōng dào dá rú guǒ huí dá cuò
确，可以乘坐电梯，一秒钟到达；如果回答错
wù qǐng zǒu lóu tī
误，请走楼梯）

féi gōng jī shuō wǒ de mā ya yì céng jiù děi nián wǒ
肥公鸡说：“我的妈呀！一层就得2年，我
men shén me shí hou cái néng pá dào tóu wa
们什么时候才能爬到头哇？”

hú dié hé liǎng zhī mì fēng yě dān yōu de shuō nà wǒ men de
蝴蝶和两只蜜蜂也担忧地说：“那我们的
chì bǎng bù děi gěi shān duàn na
翅膀不得给扇断哪？”

kù xiǎo bǎo dú wán tí shuō yòng bu liǎo nà me duō nián wǒ
酷小宝读完题，说：“用不了那么多年。我
men kě yǐ zuò diàn tī ya
们可以坐电梯呀！”

tù xiǎo jiě xīn xǐ de shuō zhè dào tí wǒ yě huì zuò ne
兔小姐欣喜地说：“这道题我也会做呢！”

xióng hào shuō hǎo xiàng gēn gāng gāng lán pí shǔ jù mù tou
熊2号说：“好像跟刚刚蓝皮鼠锯木头
yǒu diǎnr xiàng a
有点儿像啊。”

猫不解地问：“熊2号瞎扯了吧？爬楼梯跟锯木头会有什么关系？”

晶晶从耳朵里飞出来，说：“你们都别瞎讨论了。让酷小宝来做吧，酷小宝才是最棒的！”

灵灵从萌小贝耳朵里飞出来，反对道：“瞎说！萌小贝才是最棒的！”

“酷小宝！”晶晶说，“酷小宝最棒！”

灵灵喊：“萌小贝！萌小贝最厉害！”

晶晶和灵灵，一边争论，一边追打起来。

酷小宝和萌小贝摇摇头，说：“让他们斗去吧。咱们来解题。”

“需要8年。”兔小姐说。

酷小宝点点头说：“对！是8年。”

萌小贝拿出水晶笔，说："我来填答案。大家准备坐电梯！"

"等一等！"肥公鸡喊，"说说怎么回事，我怎么感觉是10年呢？别出错了。"

酷小宝微微一笑，说："好。我来给大家分析分析：因为一楼不用爬，所以，爬2年就到了2楼，再爬2年就到了3楼，爬到5楼，需要爬4个2年。兔小姐算得对，是2＋2＋2＋2＝8（年）。"

萌小贝说："刚刚熊2号说跟锯木头有点儿像，是有点儿像。大家想想看，锯木头时，锯4段只需要锯3次，最后一段不用锯。爬楼梯，爬一层楼梯，就到了2楼，爬4层楼梯，就到了5楼，一楼不用爬。"

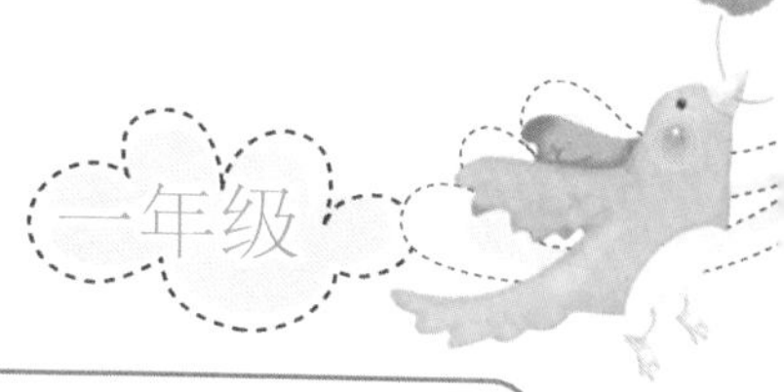

féi gōng jī hé māo shuō ò wǒ míng bai le
肥公鸡和猫说：“哦—— 我明白了！”

méng xiǎo bèi zài mén shang de kuò hào li tián shàng yí gè
萌小贝在门上的括号里填上一个“8”，
gāng gāng tián wán cǎi hóng mén dǎ kāi le shì diàn tī ya
刚刚填完，彩虹门打开了，是电梯呀！

dà jiā zǒu jìn diàn tī kù xiǎo bǎo hé méng xiǎo bèi hǎn wǒ men
大家走进电梯，酷小宝和萌小贝喊：“我们
dōu zuò diàn tī zǒu le ya nǐ men jì xù zhēng lùn ba
都坐电梯走了呀，你们继续争论吧！”

āi jīng jing hé líng ling jí máng hǎn dào děng yi
“哎——！”晶晶和灵灵急忙喊道，“等一
děng yì tóu chōng jìn le diàn tī li
等！”一头冲进了电梯里。

liǎng gè bà ba hé liǎng gè ér zi
两个爸爸和两个儿子

nǐ men hǎo ya huǒ bàn men kù xiǎo bǎo tā men gāng gāng
“你们好呀！伙伴们！”酷小宝他们刚刚
chū le diàn tī yí gè kě ài de xiǎo nǚ hái chū xiàn zài miàn qián
出了电梯，一个可爱的小女孩出现在面前，
shuō wǒ děng nǐ men hǎo cháng shí jiān le
说：“我等你们好长时间了。”

nǐ jiù shì shù xué xiān dà jiā jīng yì de wèn dào
“你？就是数学仙？”大家惊异地问道。

méng xiǎo bèi xiǎng wǒ yì zhí yǐ wéi shì wèi lǎo xiān wēng ne
萌小贝想：我一直以为是位老仙翁呢，
yuán lái shù xué xiān shì gè gēn wǒ chà bu duō de xiǎo gū niang
原来数学仙是个跟我差不多的小姑娘。

xiǎo nǚ hái gē gē xiào shuō wǒ jiào guǒ ér yé ye chū mén
小女孩咯咯笑，说：“我叫果儿。爷爷出门
le liú wǒ zài zhè lǐ děng hòu nǐ men
了，留我在这里等候你们！”

ò dà jiā zhè xià míng bai le
“哦——”大家这下明白了。

méng xiǎo bèi shuō hā hā guǒ rán shì wèi lǎo xiān wēng
萌小贝说：哈哈，果然是位老仙翁！

guǒ ér shuāng shǒu bào quán shuō wǒ zhī dào nǐ men de shù
果儿双手抱拳，说：“我知道你们的数

xué hěn lì hai suǒ yǐ xiǎng qǐng jiào nǐ men yí gè wèn tí
学很厉害，所以想请教你们一个问题。”

kù xiǎo bǎo qiān xū de shuō hē hē hái xíng ba qǐng nǐ shuō shuo kàn
酷小宝谦虚地说：“呵呵，还行吧。请你说说看。”

guǒ ér tián tián de yí xiào shuō shì zhè yàng de sān gè rén zài dēng shān què yǒu liǎng gè bà ba hé liǎng gè ér zi zhè dào dǐ shì zěn me huí shì ne
果儿甜甜地一笑，说：“是这样的，三个人在登山，却有两个爸爸和两个儿子。这到底是怎么回事呢？”

xióng hào tīng le wèn bà ba huì fēn shēn shù fēn shēn le
熊2号听了，问：“爸爸会分身术，分身了？”

kù xiǎo bǎo tīng le hā hā dà xiào shuō gěi dà jiā jiǎng gè wǒ de xiǎo gù shi
酷小宝听了哈哈大笑，说：“给大家讲个我的小故事。”

rán hòu kù xiǎo bǎo jiǎng dào
然后，酷小宝讲道：

nà shí hou wǒ suì wǒ hé bà ba gēn zhe yé ye qù xī guā dì kān guā yé ye zhāi le yí gè dà dà de xī guā xiān hóng de guā ráng hēi liàng de guā zǐ chán de wǒ kǒu shuǐ zhí liú
那时候我4岁，我和爸爸跟着爷爷去西瓜地看瓜。爷爷摘了一个大大的西瓜，鲜红的瓜瓤、黑亮的瓜子，馋得我口水直流。

bà ba qiē kāi xī guā dì gěi yé ye yí kuài shuō bà
爸爸切开西瓜，递给爷爷一块，说：“爸

ba gěi nín yí dà kuài
爸，给您一大块！”

yé ye shuō xiè xie ér zi
爷爷说：“谢谢儿子！”

bà ba dì gěi wǒ yí kuài shuō ér zi nǐ yě chī kuài dà de
爸爸递给我一块，说：“儿子，你也吃块大的！”

wǒ shuō xiè xie bà ba
我说：“谢谢爸爸！”

bà ba gěi zì jǐ qiē le yí kuài xī guā xiào zhe shuō wǒ men
爸爸给自己切了一块西瓜，笑着说：“我们

yì qǐ chī
一起吃！”

wǒ kàn kan yé ye hé bà ba shuō zhēn hǎo wán liǎng gè bà
我看看爷爷和爸爸，说：“真好玩，两个爸

ba hé liǎng gè ér zi
爸和两个儿子！”

dà jiā tīng kù xiǎo bǎo jiǎng dào zhè lǐ dōu ò le yì
大家听酷小宝讲到这里，都“哦——”了一

shēng kù xiǎo bǎo hēi hēi xiào zhe shuō dōu míng bai le ba
声。酷小宝嘿嘿笑着说：“都明白了吧？”

guǒ ér tián tián de xiào le shuō tīng nǐ zhè me yì shuō wǒ
果儿甜甜地笑了，说：“听你这么一说，我

jiù fēi cháng míng bai le
就非常明白了。”

hú dié pū pu chì bǎng bù jiě de wèn zěn me huí shì zhēn
蝴蝶扑扑翅膀，不解地问：“怎么回事，真

de huì fēn shēn
的会分身？”

xióng hào shuō hái méi míng bai shì yé ye bà ba sūn zi
熊2号说："还没明白？是爷爷、爸爸、孙子
sān gè rén bà ba jì shì yé ye de ér zi yòu shì sūn zi de bà
三个人，爸爸既是爷爷的儿子，又是孙子的爸
ba
爸！"

hú dié gèng mí hu le shén me shì sūn zi de bà ba
蝴蝶更迷糊了："什么？是孙子的爸爸？"

xióng hào liǎng shǒu yì tān yáo yao tóu bù shuō huà le
熊2号两手一摊，摇摇头，不说话了。

kù xiǎo bǎo shuō ràng wǒ lái jiě shì ba zhè sān gè rén
酷小宝说："让我来解释吧！这三个人
zhōng qí zhōng yí gè rén jì shì ér zi yòu shì bà ba bǐ rú wǒ
中，其中一个人既是儿子，又是爸爸。比如我
bà ba zài wǒ yé ye miàn qián tā shì ér zi zài wǒ miàn qián tā
爸爸，在我爷爷面前，他是儿子，在我面前，他
shì bà ba
是爸爸。"

ò dà jiā yòu diǎn dian tóu biǎo shì míng bai le
"哦——"大家又点点头表示明白了。

guǒ ér yòu tián tián de yí xiào shuō xiè xie kù xiǎo bǎo jīng cǎi
果儿又甜甜地一笑，说："谢谢酷小宝精彩
de jiǎng jiě qǐng dà jiā gēn wǒ qù qǔ jiě yào ba
的讲解！请大家跟我去取解药吧！"

ná dào jiě yào

拿到解药

guǒ ér dài dà jiā dào le yí gè dà dà de fáng jiān fáng jiān li
果儿带大家到了一个大大的房间，房间里
bǎi fàng zhe gè zhǒng huā huā lǜ lǜ de táo guàn
摆放着各种花花绿绿的陶罐。

guǒ ér shuō táo guàn lǐ miàn dōu shì jiě yào dàn shì xū yào
果儿说：“陶罐里面都是解药，但是，需要
nǐ men jiě dá chu lai yí gè shù xué nán tí cái néng ná dào dǎ kāi táo
你们解答出来一个数学难题才能拿到打开陶
guàn de yào shi
罐的钥匙。”

kù xiǎo bǎo shuō méi wèn tí kuài dài wǒ men qù jiě dá shù
酷小宝说：“没问题，快带我们去解答数
xué nán tí ba
学难题吧！”

guǒ ér zǒu dào yí miàn qiáng bì qián yòng shǒu yì huī qiáng bì
果儿走到一面墙壁前，用手一挥，墙壁
shang chū xiàn le jǐ gè dài yuán diǎn de zhèng fāng xíng
上出现了几个带圆点的正方形。

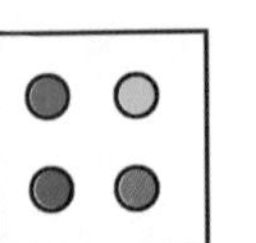 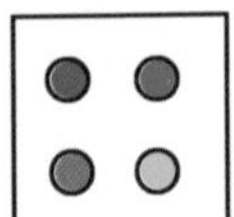 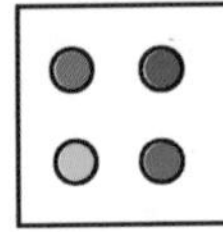 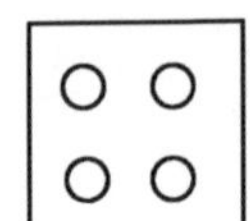 

guǒ ér shuō bǎ dì gè zhèng fāng xíng li de yuán diǎn tú

果儿说："把第4个正方形里的圆点涂

shàng yán sè jiù kě yǐ ná dào yào shi le

上颜色就可以拿到钥匙了。"

māo hé féi gōng jī jī dòng de shuō fēn bié tú shàng hóng

猫和肥公鸡激动地说："分别涂上红

sè lǜ sè lán sè zǐ sè bú jiù kě yǐ le ma

色、绿色、蓝色、紫色不就可以了吗？"

hú dié shuō bú huì nà me jiǎn dān ba

蝴蝶说："不会那么简单吧？"

liǎng zhī mì fēng shuō nǐ men bié yì lùn le rú guǒ cuò le

两只蜜蜂说："你们别议论了。如果错了

bú huì huí dào qǐ diǎn chóng xīn qù chuǎng mí gōng ba

不会回到起点重新去闯迷宫吧？"

tù xiǎo jiě shuō nǐ men duì kù xiǎo bǎo hái bú fàng xīn ma

兔小姐说："你们对酷小宝还不放心吗？"

猫说："酷小宝，你还是认真点儿吧！"

酷小宝认真观察了一下已经涂上颜色的4个正方形，说："我知道了！4种颜色的圆点是按顺时针旋转的。"

"顺时针？"兔小姐问，"什么叫顺时针？"

酷小宝说："顺时针，就是钟表上指针旋转的方向。如果反过来，就叫逆时针。"然后，酷小宝用手在正方形上比画着让大家看，大家终于明白了。

酷小宝拿出水晶笔，在第4个正方形里的圆点上涂上了颜色。

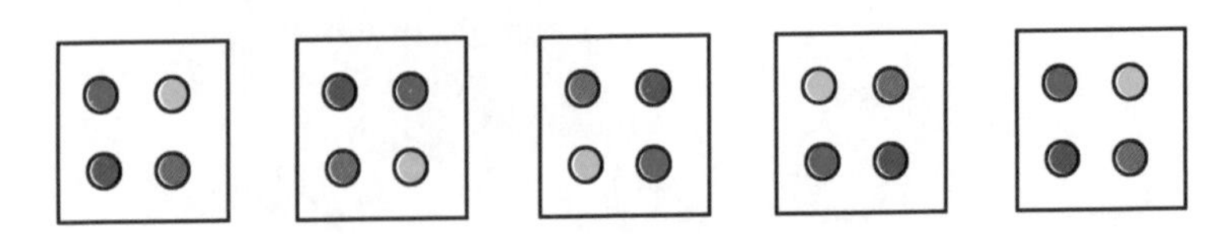

酷小宝把颜色涂完，5个正方形变成了5

bǎ yào shi
把钥匙。

guǒ ér shuō zhēn hǎo zhèng hǎo bǎ yào shi měi bǎ yào shi
果儿说："真好！正好5把钥匙，每把钥匙

kě yǐ dǎ kāi qí zhōng yí gè táo guàn měi gè táo guàn li zhǐ néng qǔ
可以打开其中一个陶罐，每个陶罐里只能取

chū yí lì jiě yào
出一粒解药。"

māo féi gōng jī hú dié liǎng zhī mì fēng dōu xīng fèn de hū
猫、肥公鸡、蝴蝶、两只蜜蜂，都兴奋地呼

hǎn tài bàng le wǒ men néng biàn chéng xióng yàng le
喊："太棒了！我们能变成熊样了！"

kù xiǎo bǎo hé méng xiǎo bèi tīng le hā hā dà xiào xióng yàng
酷小宝和萌小贝听了哈哈大笑，"熊样"

zài rén lèi shì jiè kě bú shì gè hǎo tīng de cí
在人类世界，可不是个好听的词。

kù xiǎo bǎo yòng bǎ yào shi fēn bié dǎ kāi le gè táo guàn
酷小宝用5把钥匙分别打开了5个陶罐，

gòng ná chū lì jiě yào fēn gěi gè xióng hái zi
共拿出5粒解药，分给5个熊孩子。

biàn xíng guǒ lín zhòng biàn xíng guǒ

变形果林 种 变形果

wǔ gè xióng hái zi chī xià jiě yào zuǐ li shuō zhe biàn

五个熊孩子吃下解药，嘴里说着："变！

biàn biàn kě shì zěn me hái bú biàn ne

变！变！"可是，怎么还不变呢？

tù xiǎo jiě shuō shì bu shì hái yào zhòng zhǒng zi ne

兔小姐说："是不是还要种种子呢？"

guǒ ér tián tián yí xiào shuō duì ya gěi lì zhǒng zi

果儿甜甜一笑，说："对呀！给！10粒种子，

zhòng dào biàn xíng guǒ lín li zhòng háng měi háng yào kē shuō

种到变形果林里，种5行，每行要4棵。"说

wán dì gěi kù xiǎo bǎo yí gè tòu míng de xiǎo bō li píng lǐ miàn

完，递给酷小宝一个透明的小玻璃瓶，里面

zhuāng zhe huā huā lǜ lǜ de zhǒng zi

装着花花绿绿的种子。

á dà jiā dōu dèng dà le yǎn jing

"啊？"大家都瞪大了眼睛。

kù xiǎo bǎo shuō méi shì dòng dong nǎo zǒng néng xiǎng chū bàn

酷小宝说："没事，动动脑，总能想出办

fǎ lái de

法来的！"

méng xiǎo bèi wèn guǒ ér wǒ néng bu néng wèn wen zhè shì shén

萌小贝问："果儿，我能不能问问这是什

me zhǒng zi ne
么种子呢？”

guǒ ér tián tián yí xiào zhòng dào biàn xíng guǒ lín li de zhǒng
果儿甜甜一笑：“种到变形果林里的种
zi dāng rán shì biàn xíng guǒ le
子，当然是变形果了。”

á dà jiā yòu dèng yuán le yǎn jing
“啊？”大家又瞪圆了眼睛。

guǒ ér tián tián yí xiào shuō xué hǎo shù xué biàn chéng shén me
果儿甜甜一笑，说：“学好数学，变成什么
dōu bú pà biàn xíng hòu gǎn shòu yí xià qí tā dòng wù de shēng huó bú
都不怕！变形后感受一下其他动物的生活，不
shì hěn hǎo ma dào shù xué shān chuǎng shù xué mí gōng shù xué mí gōng
是很好吗？到数学山闯数学迷宫，数学迷宫
li de shén qí zhī lǚ bú shì hěn jīng cǎi de lǚ chéng ma
里的神奇之旅，不是很精彩的旅程吗？”

kù xiǎo bǎo hé méng xiǎo bèi tīng le guǒ ér de huà fēi cháng zàn
酷小宝和萌小贝听了果儿的话，非常赞
tóng shēn chū dà mǔ zhǐ shuō duì wǒ men què shí gǎn dào fēi cháng
同，伸出大拇指，说：“对！我们确实感到非常
jīng cǎi
精彩！”

dà jiā tīng le kù xiǎo bǎo méng xiǎo bèi hé guǒ ér de duì huà
大家听了酷小宝、萌小贝和果儿的对话，
huí xiǎng tā men suǒ jīng lì de yí qiè yě dōu gǎn jué zì jǐ jīng lì
回想他们所经历的一切，也都感觉自己经历
de zhè yí qiè fēi cháng cì jī fēi cháng jīng cǎi
的这一切非常刺激，非常精彩。

dà jiā gào bié guǒ ér lái dào biàn xíng guǒ lín méng xiǎo bèi zài
大家告别果儿，来到变形果林，萌小贝在

dì shang huà le gè wǔ jiǎo xīng shuō yí lù shang wǒ dōu zài sī
地上画了个五角星，说：“一路上，我都在思

kǎo zěn me zhòng zhè lì zhǒng zi zhōng yú xiǎng dào le bàn fǎ yīn
考怎么种这10粒种子，终于想到了办法。因

wèi lǐ miàn yǒu gè yào zhòng háng měi háng zhǐ néng zhòng
为10里面有5个2，要种5行，每行只能种2

lì dàn guǒ ér shuō měi háng yào zhòng lì suǒ yǐ zhè lì zhǒng
粒，但果儿说每行要种4粒，所以，这10粒种

zi bì xū měi lì zhǒng zi dōu zhàn liǎng tiáo biān
子，必须每粒种子都占两条边。”

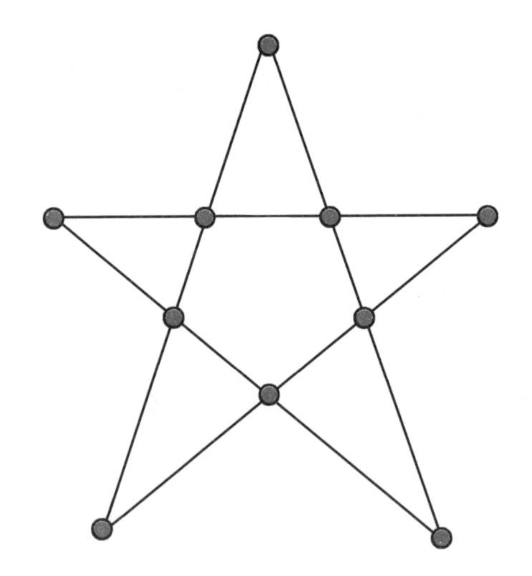

méng xiǎo bèi zài wǔ jiǎo xīng shang huà le gè yuán shuō dà
萌小贝在五角星上画了10个圆，说：“大

jiā kàn kan shì bu shì gāng hǎo háng měi háng shang shì bu shì dōu
家看看，是不是刚好5行，每行上是不是都

shì kē
是4棵？”

xióng hào lì jí juē zhe pì gu pā dì shang shǔ le shǔ shù qǐ
熊2号立即撅着屁股趴地上数了数，竖起
dà mǔ zhǐ shuō zhēn de ya háng měi háng kē
大拇指，说：“真的呀！5行！每行4棵！”

kù xiǎo bǎo bǎ xiǎo bō li píng li de cǎi sè zhǒng zi dào dào shǒu
酷小宝把小玻璃瓶里的彩色种子倒到手
xīn li zài méng xiǎo bèi huà yuán de dì fang wā gè xiǎo kēng bǎ zhǒng zi
心里，在萌小贝画圆的地方挖个小坑，把种子
yí lì lì fàng jin qu rán hòu xiǎo xīn yì yì de gài shàng tǔ
一粒粒放进去，然后，小心翼翼地盖上土。

yē wǒ men biàn huì lai la wǔ gè biàn huí xióng yàng de
“耶！我们变回来啦！”五个变回熊样的
xióng hái zi xīng fèn de bèng bèng tiào tiào zhe yōng bào zài yì qǐ
熊孩子，兴奋地蹦蹦跳跳着拥抱在一起。

kù xiǎo bǎo méng xiǎo bèi hé tù xiǎo jiě wēi xiào de kàn zhe
酷小宝、萌小贝和兔小姐，微笑地看着
tā men jīng jing hé líng ling yě fēi cháng kāi xīn de zài tiān kōng zhōng
他们，晶晶和灵灵也非常开心地在天空中
zhuī zhú dòu lè
追逐逗乐。

tù xiǎo jiě shuō kàn zōng xióng xiōng di liù gè zài yì qǐ zhēn
兔小姐说：“看棕熊兄弟六个在一起真
xìng fú wǒ yě xiǎng jiā le hěn jiǔ méi jiàn wǒ gē ge le zhēn de
幸福，我也想家了。很久没见我哥哥了，真的
hěn xiǎng tā
很想他。”

nǐ gē ge méng xiǎo bèi wèn
“你哥哥？”萌小贝问。

tù xiǎo jiě yǎn jing shī shī de shuō shì ya cóng xiǎo wǒ
兔小姐眼睛湿湿的，说：“是呀！从小，我
jiù gēn gē ge shēng huó zài yì qǐ tā jiào tù zi hào
就跟哥哥生活在一起，他叫兔子1号。”

tù zi hào kù xiǎo bǎo hé méng xiǎo bèi jīng yà de zhāng
“兔子1号？”酷小宝和萌小贝惊讶地张
dà le zuǐ ba
大了嘴巴。

tù xiǎo jiě diǎn dian tóu wèn nǐ men rèn shi tā
兔小姐点点头，问：“你们认识他？”

méng xiǎo bèi shuō jiàn guo tā chī guo tā zuò de cài yě zhǐ
萌小贝说：“见过他，吃过他做的菜。也只
yǒu tā huì zuò wǒ men nà ge shì jiè de cài
有他，会做我们那个世界的菜。”

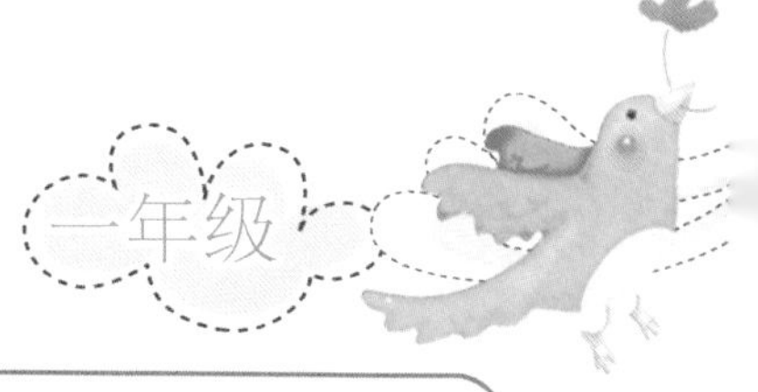

kù xiǎo bǎo shuō　yě xǔ zhǎo dào tā　wǒ men jiù kě yǐ huí
酷小宝说："也许找到他，我们就可以回
zì jǐ de shì jiè le
自己的世界了！"

tù xiǎo jiě jīng xǐ de shuō　shì ma　zhè me qiǎo
兔小姐惊喜地说："是吗？这么巧？"

kù xiǎo bǎo tā men jué dìng xiān bǎ xióng hái zi men sòng huí jiā
酷小宝他们决定先把熊孩子们送回家，
rán hòu gēn tù xiǎo jiě huí jiā zhǎo tù zi hào　tā men yě hǎo xiǎng
然后跟兔小姐回家找兔子1号，他们也好想
jiā　hǎo xiǎng yé ye nǎi nai hé bà ba mā ma
家，好想爷爷奶奶和爸爸妈妈。

yòu jiàn tù zi hào xiān sheng
又见兔子1号先生

tù xiǎo jiě gēn suí kù xiǎo bǎo hé méng xiǎo bèi bǎ gè xióng hái zi sòng huí le jiā rán hòu dài zhe kù xiǎo bǎo hé méng xiǎo bèi huí zì jǐ jiā

兔小姐跟随酷小宝和萌小贝把6个熊孩子送回了家，然后，带着酷小宝和萌小贝回自己家。

tù xiǎo jiě jiā de fáng zi xiàng yí gè dà dà de hú luó bo fáng dǐng shì lù yóu yóu de luó bo yè qiáng bì shì chéng hóng sè de yuán zhù tǐ bái sè de dà mén shang yǒu yí gè tù zi tóu xiàng fáng zi zhōu wéi shì zhǎng mǎn le gè sè shù yè de shù hé piào liang de huā cǎo

兔小姐家的房子像一个大大的胡萝卜，房顶是绿油油的萝卜叶，墙壁是橙红色的圆柱体，白色的大门上有一个兔子头像。房子周围是长满了各色树叶的树和漂亮的花草。

méng xiǎo bèi shuō nǐ jiā de fáng zi zhēn yǒu gè xìng zhēn piào liang

萌小贝说：“你家的房子真有个性，真漂亮！”

tù xiǎo jiě zài dà mén shang de tù zi tóu xiàng de bí tóu shang

兔小姐在大门上的兔子头像的鼻头上

àn yi àn tíng yi tíng zài jiē zhe àn kù xiǎo bǎo zǐ xì guān chá
按一按，停一停，再接着按。酷小宝仔细观察

tù xiǎo jiě de dòng zuò àn xià tíng yi tíng àn xià tíng yi
兔小姐的动作：按2下，停一停；按3下，停一

tíng chóng fù le sān cì
停；重复了三次。

kù xiǎo bǎo shuō nǐ men jiā de mì mǎ mén zhēn kù
酷小宝说：“你们家的密码门真酷！”

tù xiǎo jiě bù hǎo yì si de shuō kě shì bù zhī dào wèi
兔小姐不好意思地说：“可是，不知道为

shén me mén hái bù kāi nán dào shì gē ge bǎ mì mǎ gǎi le
什么门还不开。难道是哥哥把密码改了？”

kù xiǎo bǎo wèn mì mǎ yuán lái shì duō shao
酷小宝问：“密码原来是多少？”

tù xiǎo jiě shuō shì
兔小姐说：“是2、

yǒu yí gè rén jiù àn yí
3，有一个人，就按一

cì zán men yí gòng gè
次，咱们一共3个

rén wǒ àn le cì
人，我按了3次：2、

3，2、3，2、3。”

āi hái yǒu wǒ
“哎！还有我

men ne zěn me bǎ wǒ men
们呢！怎么把我们

gěi wàng le jīng jing hé líng ling cóng ěr duo li fēi chu lai hǎn
给忘了?”晶晶和灵灵从耳朵里飞出来喊。

ōu zán men shì gè rén ne
“欧!咱们是5个人呢!”

tù xiǎo jiě zhè cì zài àn
兔小姐这次再按:2、3,2、3,2、3,2、3,2、3。

mén zhōng yú kāi le
门终于开了。

méng xiǎo bèi shuō shù xué chéng zhēn shì chù chù shì shù xué
萌小贝说:“数学城,真是处处是数学。

zhè zǔ mì mǎ shì àn hé xún huán chū xiàn de guī lǜ lái pái liè de
这组密码是按2和3循环出现的规律来排列的。”

dà jiā gāng jìn mén yíng miàn pèng shàng le zhèng yào chū mén de tù zi hào xiān sheng tù zi hào xiān sheng hái shi chuān zhe lán sè de lǐ fú hè sè de kù zi tí zhe hóng sè de lǚ xíng xiāng
大家刚进门,迎面碰上了正要出门的兔子1号先生。兔子1号先生还是穿着蓝色的礼服、褐色的裤子,提着红色的旅行箱。

tù zi xiōng mèi liǎ jī dòng de yōng bào zài yì qǐ tù xiǎo jiě bǎ kù xiǎo bǎo hé méng xiǎo bèi bāng zhù zì jǐ biàn huí lai de shì qing xiáng xì de shuō le yí biàn tù zi hào xiān sheng fēi cháng gǎn xiè kù
兔子兄妹俩激动地拥抱在一起。兔小姐把酷小宝和萌小贝帮助自己变回来的事情详细地说了一遍,兔子1号先生非常感谢酷

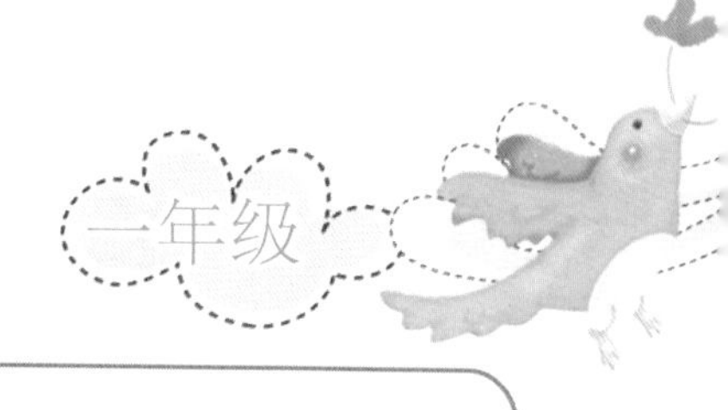

xiǎo bǎo hé méng xiǎo bèi
小宝和萌小贝。

kù xiǎo bǎo hé méng xiǎo bèi wèn tù zi hào xiān sheng nín
酷小宝和萌小贝问："兔子1号先生，您

jīng cháng dào wǒ men de shì jiè qù qǐng wèn shì fǒu kě yǐ dài wǒ
经常到我们的世界去，请问，是否可以带我

men huí qù kàn zhe nǐ men tuán yuán wǒ men yě hěn xiǎng niàn zì jǐ
们回去？看着你们团圆，我们也很想念自己

de jiā rén
的家人。"

tù zi hào xiān sheng shuō méi wèn tí wǒ zhèng zhǔn bèi qù
兔子1号先生说："没问题，我正准备去

nǐ men de shì jiè cǎi jí shí cái ne
你们的世界采集食材呢！"

yē tài hǎo le tài bàng le wǒ men yào huí qù le kù
"耶！太好了！太棒了！我们要回去了！"酷

xiǎo bǎo hé méng xiǎo bèi xīng fèn de bèng a tiào ya
小宝和萌小贝兴奋地蹦啊跳呀。

wū wū wū xiǎo jīng líng jīng jing hé líng ling kū qi lai
"呜呜呜——"小精灵晶晶和灵灵哭起来，

shuō hǎo shě bu de nǐ men liǎ
说，"好舍不得你们俩。"

shě bu de jiù gēn wǒ men huí qù ya kù xiǎo bǎo hé méng
"舍不得就跟我们回去呀！"酷小宝和萌

xiǎo bèi yì kǒu tóng shēng de shuō
小贝异口同声地说。

jīng jing hé líng ling yáo yao tóu shuō wǒ men shì wú fǎ qù nǐ
晶晶和灵灵摇摇头，说："我们是无法去你

men de shì jiè de
们的世界的。”

kù xiǎo bǎo hé méng xiǎo bèi suī rán gǎn dào hěn bù shě què hái
酷小宝和萌小贝虽然感到很不舍，却还
shi yào huí zì jǐ de shì jiè de tā men tài xiǎng niàn yé ye nǎi nai
是要回自己的世界的，他们太想念爷爷奶奶
hé bà ba mā ma le
和爸爸妈妈了。

xiǎng dào yào hé jīng jing líng ling fēn bié kù xiǎo bǎo hé méng xiǎo
想到要和晶晶、灵灵分别，酷小宝和萌小
bèi de yǎn jing yě shī le
贝的眼睛也湿了。

tù zi hào xiān sheng shuō bié shāng gǎn le nǐ men kě yǐ
兔子1号先生说：“别伤感了，你们可以
suí shí dào zhè lǐ lái
随时到这里来。”

dà jiā tīng le tù zi hào xiān sheng de huà yòu dōu kāi xīn
大家听了兔子1号先生的话，又都开心
qi lai
起来。

sòng tù zi hào yí fèn dà lǐ
送兔子1号一份大礼

yǔ tù xiǎo jiě jīng jing líng ling fēn bié hòu kù xiǎo bǎo hé méng xiǎo bèi tóng tù zi hào xiān sheng huí dào le tā men cǎi mó gu de xiǎo shù lín

与兔小姐、晶晶、灵灵分别后，酷小宝和萌小贝同兔子1号先生回到了他们采蘑菇的小树林。

méng xiǎo bèi cǎi de yì lán mó gu hái fàng zài yuán lái de dì fang xiān nèn xiān nèn de jiù xiàng tā men bù céng lí kāi yí yàng

萌小贝采的一篮蘑菇还放在原来的地方，鲜嫩鲜嫩的，就像他们不曾离开一样。

tù zi hào xiān sheng shuō rèn shi nǐ men zhēn hǎo dàn shì wǒ bù xī wàng gèng duō de rén dǎ rǎo wǒ men de shēng huó

兔子1号先生说："认识你们真好。但是，我不希望更多的人打扰我们的生活。"

kù xiǎo bǎo hé méng xiǎo bèi diǎn dian tóu shuō wǒ men míng bai zhè shì wǒ men zhī jiān de mì mì

酷小宝和萌小贝点点头，说："我们明白！这是我们之间的秘密。"

kù xiǎo bǎo tāo chū tā de shǒu jī shǒu jī hái shi tā men lí kāi shí nà yàng mǎn gé diàn tā bǎ yǒu tù zi hào de shì pín shān chú diào

酷小宝掏出他的手机，手机还是他们离开时那样满格电，他把有兔子1号的视频删除掉。

méng xiǎo bèi pā zài kù xiǎo bǎo ěr biān shuō le jǐ jù huà kù
萌小贝趴在酷小宝耳边说了几句话，酷
xiǎo bǎo diǎn dian tóu shuō wǒ yě shì zhè me xiǎng de
小宝点点头，说：“我也是这么想的！”

kù xiǎo bǎo shuō tù zi hào xiān sheng wǒ men xiǎng sòng nǐ
酷小宝说：“兔子1号先生，我们想送你
yí gè dà lǐ míng tiān bàng wǎn gěi nǐ sòng dào zhè kē shù xià
一个大礼，明天傍晚给你送到这棵树下。”

tù zi hào xiān sheng lián lián shuō bú yòng bú yòng nǐ men
兔子1号先生连连说：“不用，不用。你们
bāng zhù wǒ mèi mei huī fù yuán xíng wǒ yǐ jīng hěn gǎn jī nǐ men le
帮助我妹妹恢复原形，我已经很感激你们了。”

kù xiǎo bǎo hé méng xiǎo bèi shuō bié kè qi le nǐ huì xǐ
酷小宝和萌小贝说：“别客气了！你会喜
huan de
欢的！”

tā men hé tù zi hào fēn bié hòu tí zhe yì lán mó gu huí
他们和兔子1号分别后，提着一篮蘑菇回
dào jiā
到家。

nǎi nai shuō āi yō zhè me xiān měi de mó gu jīn tiān gěi
奶奶说：“哎哟，这么鲜美的蘑菇，今天给
nǐ men zuò xiǎo jī dùn mó gu
你们做小鸡炖蘑菇！”

kù xiǎo bǎo hé méng xiǎo bèi shuō xiè xie nǎi nai yì tóu
酷小宝和萌小贝说：“谢谢奶奶！”一头
chōng jìn le wū li
冲进了屋里。

kù xiǎo bǎo méng xiǎo bèi bào zhe cún qián guàn jiù wǎng wài pǎo
酷小宝、萌小贝抱着存钱罐就往外跑，
tā men xiān dào le shū diàn xuǎn le jǐ běn kàn qi lai fēi cháng bú cuò
他们先到了书店，选了几本看起来非常不错
de shū shōu yín yuán ā yí yòng jì suàn jī suàn le yí xià shuō xiǎo
的书，收银员阿姨用计算机算了一下，说：“小
péng yǒu yí gòng yuán jiǎo
朋友，一共79元3角。”

méng xiǎo bèi kuài sù de ná chū qián dì gěi shōu yín yuán shuō
萌小贝快速地拿出钱递给收银员，说：
ā yí zhāng yuán zhāng yuán zhāng yuán zhāng
“阿姨，1张50元、1张20元、1张5元、2张
yuán zhāng jiǎo zhāng jiǎo zhèng hǎo yuán jiǎo
2元、1张2角、1张1角。正好79元3角。”

shōu yín yuán ā yí wēi xiào zhe kuā zàn méng xiǎo bèi xiǎo gū
收银员阿姨微笑着夸赞萌小贝：“小姑
niang de shù xué zhēn bàng a
娘的数学真棒啊！”

zhè shí kù xiǎo bǎo yě ná chū yí dà bǎ qián shuō hēi hēi
这时，酷小宝也拿出一大把钱说：“嘿嘿，
wǒ zhè shì zhāng yuán zhāng yuán zhāng yuán zhāng
我这是1张50元、2张10元、9张1元、3张
jiǎo yě shì gāng hǎo yuán jiǎo
1角，也是刚好79元3角。”

shōu yín yuán ā yí kàn le kàn kù xiǎo bǎo de qián yě kuā zàn
收银员阿姨看了看酷小宝的钱，也夸赞
dào xiǎo huǒ zi shù xué yě hěn bàng nǐ men hái yǒu qí tā fù kuǎn
道：“小伙子数学也很棒！你们还有其他付款

fāng shì ma　kù xiǎo bǎo tīng le yǒu diǎnr bù hǎo yì si le
方式吗？”酷小宝听了有点儿不好意思了。

méng xiǎo bèi xiào mī mī de shuō　nà dāng rán le　hái yǒu hěn
萌小贝笑眯眯地说：“那当然了，还有很

duō zhǒng ne　wǒ yě kě yǐ gěi nín　zhāng　yuán　zhāng　yuán
多种呢。我也可以给您3张20元、1张10元、

zhāng　yuán　zhāng　jiǎo
9张1元、3张1角。”

kù xiǎo bǎo shuō　yě kě yǐ gěi nín　zhāng　yuán　zhāng
酷小宝说：“也可以给您7张10元、9张

yuán　zhāng　jiǎo
1元、3张1角。”

méng xiǎo bèi shuō　hái kě yǐ gěi nín　zhāng　yuán
萌小贝说：“还可以给您79张1元、

zhāng　jiǎo
3张1角。”

kù xiǎo bǎo hā hā dà xiào zhe shuō　rú guǒ wǒ yǒu zú gòu duō
酷小宝哈哈大笑着说：“如果我有足够多

de　jiǎo　yě kě yǐ quán gěi nín　jiǎo
的1角，也可以全给您1角！”

méng xiǎo bèi xī xī xiào zhe shuō　nà nín kě děi shǔ hǎo cháng
萌小贝嘻嘻笑着说：“那您可得数好长

shí jiān le　yuán shì　jiǎo　yuán shì　jiǎo　yuán kě shì
时间了。1元是10角，10元是100角，70元可是7

gè　jiǎo ne
个100角呢！”

shōu yín yuán ā yí bèi dòu xiào le　shuō　nà nǐ men liǎ zì
收银员阿姨被逗笑了，说：“那你们俩自

己得先数好长时间，给我后，我又得数好长时间。”

酷小宝说：“嘻嘻，生活中不可能总是拿着正好的钱去买东西，可以多付。现在我给您一百元，您把我多付的钱找回来就行了。”

收银员阿姨微微笑，说：“这个小机灵鬼！那我该找给你多少钱呢？”

酷小宝说：“100元先减79元等于21元，21元再减3角等于20元7角。”

萌小贝想了想说：“也可以这样想，79元3角，差7角到80元，先按80元算，100－80＝20（元），您该找回20元，另外再加7角，也就是20元7角。”

收银员温柔地说：“好了，两个小机灵鬼。

jiǎo miǎn le gěi wǒ yuán jiù xíng le
3角免了，给我79元就行了。”

kù xiǎo bǎo shuō xiè xie ā yí shōu wǒ de ba
酷小宝说：“谢谢阿姨，收我的吧！”

méng xiǎo bèi bǎ qián fàng huí cún qián guàn shuō hǎo ba zhè cì nǐ chū qián
萌小贝把钱放回存钱罐，说：“好吧。这次你出钱。”

rán hòu tā liǎ yòu mǎi le xiē dōng xi mǎi le yí gè piào liang de lǐ hé bāo zhuāng hǎo dào le cǎi mó gu de xiǎo shù lín
然后，他俩又买了些东西，买了一个漂亮的礼盒包装好，到了采蘑菇的小树林。

tù zi hào yǐ jīng rú yuē děng zài nà lǐ tā dǎ kāi kù xiǎo bǎo hé méng xiǎo bèi sòng gěi tā de lǐ hé lǐ miàn shì jǐ běn cài pǔ shū hái yǒu gè zhǒng shū cài de zhǒng zi
兔子1号已经如约等在那里，他打开酷小宝和萌小贝送给他的礼盒，里面是几本菜谱书，还有各种蔬菜的种子。

tù zi hào jīng xǐ de shuō yā zhēn shì yí fèn dà lǐ ya
兔子1号惊喜地说：“呀！真是一份大礼呀！”